SENSORIZACIÓN®

Sensorización®
Las facultades de la mente al servicio de tus deseos
Todos los derechos reservados.
Queda prohibida su reproducción parcial o total sin autorización.

D.R. © 2023 | Alberto José Espinosa Uribe

1ª edición, 2023 | Editorial Shanti Nilaya®
Diseño editorial: Editorial Shanti Nilaya®
Ilustraciones: Mario Bernal Figueroa

ISBN | 978-1-957973-96-8
eBook ISBN | 978-1-957973-97-5

La reproducción total o parcial de este libro, en cualquier forma que sea, por cualquier medio, sea éste electrónico, químico, mecánico, óptico, de grabación o fotocopia, no autorizada por los titulares del copyright, viola derechos reservados. Cualquier utilización debe ser previamente solicitada. Las opiniones del autor expresadas en este libro, no representan necesariamente los puntos de vista de la editorial.

shantinilaya.life/editorial

Alberto Espinosa

SENSORIZACIÓN®

Las facultades de la mente
al servicio de tus deseos.

"Si tenemos los pasos del Proceso Creativo claramente definidos en nuestras mentes, veremos por qué hasta ahora hemos tenido resultados tan pequeños.

El espíritu crea por autocontemplación, por lo tanto, lo que se contempla a sí mismo siendo en eso se convierte.

Tú eres Espíritu individualizado, por lo tanto, lo que contemplas como la Ley de tu ser se convierte en la Ley de tu ser".

THOMAS TROWARD

ÍNDICE

Agradecimientos 11

Prólogo 12

Glosario 14

Fuimos educados para una sociedad y para un mundo
que ya no existe 17

Desde dónde te estoy hablando 21

Soñar, visualizar y sensorizar 27

Sensorización Creativa 43

Así lo has hecho todo el tiempo 45

Repetición 50

Imaginería y anclajes mentales 55

Facultades superiores de la mente 61

El ABC de la Sensorización 69

La Asunción en el proceso de Sensorización creativa 74

Sensorización guiada: Ejercicio 75

¿Cómo Sensorizo lo que yo quiero? 80

El Universo, la Sensorización y el proceso creativo 84

Algunas áreas de aplicación de la Sensorización 88

Bibliografía 91

**Este libro es para Ana Paula,
mi Polly Badabú**

AGRADECIMIENTOS

Gracias a Ana Paula por ser siempre mi motor, mi inspiración y mi fuerza; estás siempre presente. Gracias a la Natalia real, la que me convirtió en papá y me enseñó a amar incondicionalmente.

Gracias a mis padres Alberto y María Luisa, a mis hermanas Ana y Ale, a mi cuñado Luis y a mi sobrino Eduardo.

Gracias a mis cuatitas Reni y Vale.

Gracias a Arturo, a Ana Loren y a Carlos por su apoyo y acompañamiento a lo largo de este proceso.

Gracias a Mario por sus maravillosas ilustraciones.

Gracias a todos mis clientes, alumnos y participantes de mis programas.

Y GRACIAS con mayúsculas a la persona que me impulsó, me apoyó, me acompañó y me ayudó a hacer posible este libro, GRACIAS, Hilda.

PRÓLOGO

Con profundo entusiasmo leí el contenido de este hermoso manuscrito que nos presenta Alberto Espinosa, sabiendo que iba a ser una lectura amena y agradable. Me bastó con oír varias de sus conferencias online, para convertirme en un 'fan' de Alberto.

Que un escrito sea ameno y agradable, hace que un libro sea eficaz en el arte de no sólo comunicar sino también de impactar al lector curioso pero desprevenido. Estos elementos los hallé en cada una de sus secciones y esto me motivó aún más a leer y disfrutar de su contenido.

Mucho hemos oído de la visualización como herramienta en el campo del crecimiento personal. Sin embargo, lo que Alberto nos propone va mucho más allá de una simple visualización, y nos invita a utilizar TODOS los sentidos e involucrarlos en forma activa para nutrir nuestro crecimiento de una manera óptima.

Es aquí, desde mi punto de vista, donde yace la gran diferencia que hace que este pequeño libro sea tan claro y eficaz para plantear, y a la vez retar al lector hacia el avance exitoso en procura de una vida armoniosa, coherente e impactante.

Estoy seguro de que el estudio de este libro enriquecerá la vida de quien lo ponga en práctica y lo haga suyo para el desarrollo personal.

Debemos recordar que este estudio nos permitirá crecer al aprender, porque cuando dejamos de aprender y de amar comenzamos a encogernos, apocarnos, para finalmente dejar de ser.

Te animo pues, a ti, lector, que abres estas páginas, para que te empeñes en, no solamente leer, sino estudiar, y como dije anteriormente poner en práctica lo que, en estas páginas en forma tan magistral, Alberto nos presenta.

Ánimo pues y feliz lectura y estudio. Te sentirás muy contento de haber encontrado todas estas fabulosas herramientas tan sencillas y amenas, para vivirlas y crecer con ellas hasta niveles que nunca soñaste.

Dr. Jussi Eerikäinen
MD, Matemático y autor *bestseller*

GLOSARIO

- **Córtex.** Es una capa localizada en el exterior del cerebro, compuesta principalmente por un grupo de cuerpos neuronales. También conocida como corteza cerebral, tiene como finalidad dividir, mediante diversos pliegues, la estructura del cerebro en dos hemisferios y en diferentes áreas especializadas.
- **Hipocampo.** Prominecia encefálica situada en la parte medial del lóbulo temporal. Se le relaciona con la memoria y con la percepción espacial.
- **Intuición.** Habilidad para conocer, comprender o percibir algo de manera clara, inmediata y sin la intervención de la razón.
- **Neurociencia.** Ciencia que estudia el sistema nervioso del ser humano, cuyo objetivo es comprender cómo funciona dicho sistema en la producción y regulación de las emociones, pensamientos, conductas y funciones corporales básicas, incluidas la respiración y mantener el latido del corazón. En ese sentido, ayuda a comprender cómo influyen las emociones en el proceso de enseñanza-aprendizaje.
- **Percepción.** Es la forma en la que el cerebro interpreta las sensaciones que recibe a través de los sentidos para formar una impresión de la realidad física de su entorno.
- **Peso neurológico**. Se refiere a la magnitud del impacto que tiene un estímulo para el cerebro.
- **Semiología.** Es la ciencia que estudia los sistemas de signos. Considérense códigos, lenguas y señales.
- **Sensorización**. Es el proceso cognitivo de generar, deliberadamente, escenas sensoriales a través de la

imaginación, simulando o recreando la percepción visual, auditiva, olfativa, gustativa y táctil, con el fin de mantener, inspeccionar y transformar esas escenas, modificando, en consecuencia, sus emociones o sentimientos asociados, con la intención de experimentar un posterior beneficio fisiológico, psicológico o social, como acelerar la curación de heridas en el cuerpo, minimizar el dolor físico, calmar el dolor psicológico, mejorar la autoestima y realzar la capacidad de hacer frente cuando interactuamos con personas o circunstancias, entre muchos otros.

- **Sinapsis**. Es una aproximación (funcional) intercelular especializada entre neuronas, ya sea entre dos neuronas de asociación, una neurona y una célula receptora, o entre una neurona y una célula efectora (casi siempre glandular o muscular). En estos contactos se lleva a cabo la transmisión del impulso nervioso.
- **Sistema límbico.** Es la región del cerebro encargada de generar y regular emociones, estados emocionales. Es considerado el epicentro de la expresión emocional y del comportamiento. Cinthia Serrano propone una forma rápida de recordar las funciones de este sistema, las cinco C: Comer (saciedad y hambre); Conmemorar (memoria); Comportarse (respuesta emocional); Clan (reproducción sexual e instintos maternos) y Copular (excitación sexual).

FUIMOS EDUCADOS PARA UNA SOCIEDAD Y PARA UN MUNDO QUE YA NO EXISTE

Quiero empezar con una afirmación con la que creo que estaremos de acuerdo, a manera de marco referencial de la Sensorización: que **en la actualidad, cada vez va quedando más claro que fuimos educados para una sociedad y para un mundo que ya no existe.** Atrás quedó aquel ecosistema social y educativo en el que nos enseñaron que teníamos cinco sentidos y para qué servía cada uno de ellos. En el mundo de hoy, donde las carreras y los empleos son determinados por el avance tecnológico, ya no son suficientes las competencias laborales, tampoco las académicas o profesionales, que serían una suerte de sentidos, en la lógica de la Sensorización. **En la actualidad, las que son necesarias e incluso determinantes son las competencias psicoemocionales.**

Quienes fuimos formados en la cultura de la escritura, fuimos educados en un modelo en el que se estimulaban los hemisferios del cerebro, dando prioridad al hemisferio izquierdo. Hoy los hemisferios se recrean, empezamos a dar su lugar al hemisferio derecho. Lo vemos en todo, es más fácil mostrar que explicar. Esto se debe, en parte, a que vivimos en una cultura de la iconósfera, que genera y fomenta la voracidad perceptiva en todos nosotros.

Estarás de acuerdo conmigo en que anteriormente había un tiempo para cada cosa y era posible realizar una cosa a cada tiempo, echando mano de los sentidos. Disfrutábamos de las comidas que degustábamos, de los paisajes que observábamos, de los perfumes y olores que solíamos percibir; de la música que escuchábamos en esos LP que tenían un lado A y un lado B, así como de la proximidad de los amigos. En la actualidad, tanto el desarrollo de nuestros sentidos como esa capacidad para comunicarnos pueden ser vistos, como señala el maestro Dominique Wolton (2005)[1], tecnológicamente más ricos pero humanamente más pobres, en el aspecto personal y en nuestro entorno.

Esto nos habla de la necesidad humana de poner nuestros sentidos nuevamente en sintonía. La pandemia que hemos experimentado a causa de la COVID-19 y el consecuente distanciamiento social que generó nos han traído una nueva realidad postsensorial en la que el tiempo depende cada vez más de la tecnología y nos es casi imposible tener un momento para cada cosa y hacerla a su debido tiempo.

Esta nueva realidad, para la que no fuimos educados, nos exige echar mano de lo que he denominado Sensorización. Luego de más de treinta y cinco años de estudio y observación de la mente y el comportamiento humano, he encontrado en este neologismo, el concepto que me permite exponer con mayor facilidad los alcances de la transformación de nuestras propias circunstancias. Lo decía, y de manera muy atinada, el sociólogo español José Ortega y Gasset: "Yo soy yo y mi circunstancia". Es decir, el yo es un ingrediente y las circunstancias son el otro ingrediente que conforman el todo.

---

[1] Sociólogo francés director de investigación en el CNRS (Centre National de Recherche Scientifique), donde dirige el proyecto "Comunicación y política". Véase su obra *Pensar la comunicación*.

Veámoslo detenidamente a partir de otra afirmación, con la que considero estaremos también de acuerdo. Nosotros, en nuestra calidad de seres humanos, tenemos ciertas capacidades; a diferencia del resto de los seres vivos, estamos dotados, por ejemplo, de razón y tendemos a explicar las cosas, a darles significados, como bien señala la profesora de filosofía Maite Larrauri, quien sostiene de manera atinada que con frecuencia intentamos buscar significados a nuestra vida en medio de nuestras circunstancias. Lo cual no es nada sencillo: muchas personas se quedan en el camino intentando cambiar sus circunstancias; quienes lo logran, es porque encontraron que su estado de ser, es decir, su conciencia, es la que en realidad define sus circunstancias. **En mi caso, no sólo he encontrado esto en la teoría, sino que he descubierto un método en torno a ella y lo he denominado Sensorización.**

Lo he hecho a partir de la reflexión de, entre otros, el filósofo Ortega y Gasset, al cual interpreta la citada profesora Larrauri y completa de forma inmejorable lo que quiso decir el maestro con eso de "Yo soy yo y mi circunstancia", mediante una contraparte: "Y si no la salvo a ella, no me salvo yo". Se trata de sacar las circunstancias (nuestras circunstancias) de la carencia de sentido. Y esto es justo lo que hace la Sensorización: hacernos conscientes y dar sentido y forma a nuestras circunstancias.

Existe una frase atribuida a Bill Gates, que dice que nacer pobre no es tu culpa. Morir pobre, sí lo es. Encarna muy bien la Sensorización aplicada a la independencia financiera, como veremos a lo largo de la obra.

Bienvenido seas al ecosistema de la Sensorización, que te muestra cómo vivir en tu imaginación con los sentidos y las emociones en modo sensorizado, para la transformación de realidades y la creación de nuevas y mejores circunstancias.

DESDE DÓNDE TE ESTOY HABLANDO

Todos los seres humanos venimos a esta vida con un propósito específico; algunos pocos lo descubren y ponen en práctica a muy temprana edad, la gran mayoría pasa la vida entera buscándolo y otros pocos lo saben desde siempre y lo reconocen y asumen muchos años después. Este último es mi caso.

Desde que tengo memoria, mi más grande interés ha sido el comportamiento humano, la conciencia, el cerebro y la mente. Me recuerdo como un niño de ocho o nueve **años cuestionándose la existencia y sus implicaciones; leyendo libros acerca del poder de la mente, hipnosis, psicología, metafísica y temas afines; criticando fuertemente la religión y confrontando a los adultos respecto a todos estos temas.**

Claro que también jugaba, estudiaba y hacía las cosas que los niños hacen, pero siempre cuestionándome el por qué y el para qué de prácticamente todo. Conforme iba creciendo, las obligaciones iban aumentando, los condicionamientos sociales y el bombardeo de información externa me distraían cada vez más, y el hecho de que prácticamente ninguna de las personas a mi alrededor estuviera interesada en aquellos temas "intangibles" me fue alejando de mi pasión, al grado que llegué a creer que era una locura y que mejor debía hacer lo mismo que todos los demás. Así que, si en algún momento pensé que mi propósito tenía que ver con los temas que tanto me apasionaban, todo lo que ocurría en mi entorno me daba "claras señales" de que no podía ser así.

Con todo esto, al llegar a la universidad, ni siquiera era una posibilidad considerar estudiar algo que tuviera que ver con "esas locuras", así que lo bien visto, lo socialmente aceptado, "lo correcto" era estudiar lo que estaba de moda, lo que supuestamente me iba a generar dinero y una posición socioeconómica aceptable; por lo tanto, estudié Mercadotecnia. Y claro, me tuve que dar justificaciones a mí mismo, así que, para quedarme tranquilo, lo hice argumentando que la mercadotecnia estudiaba el comportamiento de los consumidores (emoji de ojos redondos y saltones).

La verdad no estuvo nada mal, esta experiencia me permitió conocer el mundo corporativo (por muchos años), por lo que, entre muchos otros beneficios, ahora he podido ayudar a las empresas tanto como a las personas a lograr sus objetivos más ambiciosos. Y, en paralelo, siempre me mantuve estudiando, certificándome y compartiendo en pequeños eventos los temas que seguían apasionándome: neurociencias, neuromarketing, neuroventas, programación neurolingüística, hipnosis, desarrollo humano, psicoterapia Gestalt, semiología de la vida y una gran lista de etcéteras.

Hasta este punto, seguía sin asumir que **é**ste era mi propósito, lo hacía más como un *hobbie*, creía que no podía dedicarme de lleno ni mucho menos vivir de esto. Y, **fíjate qué interesante, aquí aparece uno de los factores centrales que impiden a las personas realizar su propósito y lograr sus metas: "Yo creía que no podía…"**. Creía que no lo merecía, creía que no era posible, creía que, creía que, creo que, creo que… Y, **tú, ¿en qué crees? Decía sabiamente Henry Ford: "Tanto si crees que puedes, como si crees que no puedes, estás en lo correcto"**, una frase tan sonada y tan poco comprendida que, para nuestra fortuna, ha sido validada y ratificada por la neurociencia.

Las creencias son mucho más poderosas de lo que pensamos, pueden llevar a una persona al éxito y también a la muerte. Tus creencias o paradigmas controlan tu comportamiento y tus resultados en un cien por ciento.

Entonces, tal como ahora lo enseño en mis programas y entrenamientos, lo primero que tenemos que hacer para avanzar es cambiar esos paradigmas que nos están limitando. En ese momento yo lo sabía, pero no lo ponía en práctica, **y la razón por la que no lo hacía era la misma que detiene a la mayoría de las personas a tomar la decisión y llevar a cabo este cambio de manera contundente: el conformismo. Realmente quería hacerlo, pero como eso implicaba un cambio de mentalidad, salir de mi zona de confort**, pues resultaba más fácil y más cómodo conformarme con lo que tenía.

Y, entonces, ¿qué pasó?, ¿cómo logré salir de ahí?; pues la vida me llevó al límite, me puso ante una situación que no toleraba el conformismo, porque, en este caso, conformarme era igual a morirme. Esta situación llegó a mí en boca de mi médico, mi querido doctor Gallo, extraordinario gastroenterólogo que había atendido por años a varios familiares y quien, para suavizar la noticia, me dijo que la causa de mi malestar era "displasia" y continuó diciendo: "A la que algunos médicos le llaman cáncer de esófago. Lo primero que vamos a hacer es tomar esta quimioterapia". Escribió la orden y me la entregó. La consulta terminó.

Al salir del consultorio, mi pensamiento era claro y contundente: "Nunca me han gustado las medicinas, no estoy dispuesto a tomar quimioterapias; tengo todo el conocimiento necesario para sanar desde mi propia conciencia y así lo haré".

Confieso que los siguientes días no fueron fáciles. En ese momento tenía un empleo y un negocio, me hacía cargo al cien por ciento de mi hija mayor, que vivía conmigo; tenía compromisos laborales, viajes, juntas, festivales escolares, clases extraescolares; me hacía cargo de tareas, *lunch*, desayunos y cenas, y, aun así, debía poner mi salud como prioridad, porque esta vez no tenía otra opción.

Es verdad que cuando quieres, puedes: logré reestructurar mi agenda de tal forma que, durante seis meses, empleé la mayor parte de mis días para SENSORIZAR mi esófago sano, asumir que ya era así y vivir, la mayor parte del tiempo, como si ya fuera así. De marzo a octubre de 2013, una sola idea dominaba mi mente: "Yo soy muy feliz y estoy muy agradecido ahora que mi salud es perfecta, mi esófago es tan saludable como el de un bebé recién nacido".

Los primeros días de octubre, le pedí al doctor Gallo que me hiciera una orden para que me realizaran una endoscopia y una biopsia. Un par de semanas más tarde, me encontraba nuevamente en su consultorio. Recuerdo que colocó las dos endoscopias en la pantallita luminosa que usan para ver radiografías y al mismo tiempo abrió el sobre que contenía la interpretación de la más reciente. Miró las imágenes, leyó el documento, cambió varias veces la expresión de su cara y permaneció en silencio unos segundos, para después decirme: "Alberto, ¿qué hiciste?, ¡este es el esófago de un bebé recién nacido!, desapareció la displasia y se revirtió completamente el esófago de Barret".

En ese momento, decidí que dedicaría mi vida a ayudar a otras personas a poner en práctica el enorme poder de su cerebro y su mente en beneficio de su salud, finanzas, relaciones y todas las áreas relevantes de su vida. Así, en 2014 empecé a dar talleres y conferencias. En 2016 me integré al equipo de Bob Proctor para entregar y facilitar sus programas a participantes de habla hispana alrededor del mundo. En 2017 concebí el concepto *Sensorización*, el cual, hoy, en 2023, comparto con el mundo a través de este libro, después de ya haber verificado su enorme efectividad en los impresionantes logros de los participantes de mis programas y talleres. Puedes encontrar algunos de sus testimonios en mi canal de YouTube ALBERTO ESPINOSA MASTERMIND.

SOÑAR, VISUALIZAR Y SENSORIZAR

Decían Platón y Aristóteles que el ser humano es un ser racional. La neurociencia nos ha demostrado en los últimos años que no, que **el ser humano es un ser emocional.** Desde la neurociencia y la neuroeducación, el maestro José Antonio Marina (2011) nos invita a considerar que vivimos en sociedad, que pensamos a partir de una cultura y que el desarrollo de nuestra inteligencia depende de la riqueza del entorno que seamos capaces de construir.

No creo exagerar si afirmo que el mayor descubrimiento del siglo XIX no fueron las ciencias físicas, sino el poder de la mente subconsciente. Estoy convencido de que cualquier individuo puede acceder a una reserva infinita y eterna de poder que le permite superar cualquier problema que surja. Con ese poder se pueden superar todas las debilidades, desde sanar el cuerpo, tener independencia financiera, alcanzar el despertar espiritual y experimentar prosperidad más allá de lo imaginado. Esta es la superestructura de la felicidad.

A partir de este punto, es de vital importancia que seas consciente de que tú no eres un puñado de carne y hueso que camina por las calles; eres mucho más que eso. Eso que sueles llamar "yo" es sólo tu cuerpo, tú vives al mismo tiempo en tres planos de entendimiento: el plano espiritual o energético, el plano intelectual o mental y el plano físico o material, al que corresponde tu cuerpo.

Entonces, tú ERES un ser espiritual (o energético si te resulta más fácil comprenderlo) que TIENE un intelecto y VIVE en un cuerpo físico. El espíritu (o energía), en esencia, busca constantemente su expansión y su máxima expresión, siempre en el sentido de la energía que gobierna todo lo que existe; a esta energía la conocemos como AMOR y el amor es ANHELO DE PLENITUD DE SER. Sí, tu naturaleza inherente es buscar la expansión y tu máxima expresión hacia aquello que representa tu máxima plenitud de ser. Es por esto que, todos, siempre, buscamos ser más, hacer más y tener más.

Sensorizar es, entonces, una de las claves principales para lograr esa transformación de vida que estamos buscando en nuestras propias circunstancias y, por consecuencia, nuestros resultados. Sin embargo, al ser un proceso, antes debemos colocar en su justa proporción el sueño y la visualización, que si bien son dos recursos que nos pueden ayudar a generar emoción, están demasiado sobreutilizados como conceptos y, al mismo tiempo, tan desgastados que han perdido tanto efectividad como credibilidad.

SOÑAR

Pensemos en aquella canción popular de Chava Flores: "¿A qué le tiras cuando sueñas mexicano?", la cual cuestiona nuestro optimismo procrastinador. Aquí tres de sus estrofas:

> *¿A qué le tiras cuando sueñas, mexicano?*
> *¿A hacerte rico en loterías con un millón?*
> *Mejor trabaja, ya levántate temprano;*
> *Con sueños de opio sólo pierdes el camión…*
>
> *¿A qué le tiras cuando sueñas, mexicano?*
> *Con sueños verdes no conviene ni soñar.*
> *Sueñas un hada… y ya no debes nada,*
> *Tu casa está pagada, ya no hay que trabajar,*
> *Ya está salvada la copa en la Olimpiada,*
> *Soñar no cuesta nada… ¡Qué ganas de soñar!…*
>
> *¡Ah! ¡Pero, eso sí…, mañana sí que lo hago!*
> *¡Pero, eso sí…, mañana voy a ir!*
> *¡Pero, eso sí…, mañana sí te pago!…*

El sueño, en el código cultural mexicano (¿latinoamericano?) es una suerte de aspiración persistente, tenaz e irremediable, una promesa, un proceso inacabado de algo que puede llegar más lejos, pero que, por falta de metodología, orden y disciplina, muchas veces no es posible. Antes bien, el sueño es algo que los promotores de la felicidad organizacional saben explotar muy bien en las empresas en lugar de aprovecharlo como detonante. Lo que quiero decir es que no es lo mismo soñar que imaginar, ni mucho menos soñar que lograr, realizar o concretar.

Clotaire Rapaille (2015) es un especialista en arquetipos culturales, creatividad e innovación, ha escrito diversos libros y ensayos a lo largo de su vida en los que analiza el código cultural de determinadas culturas del mundo. En una de sus obras más recientes, *El verbo de las culturas*, identifica esa marca verbal que suele definir a los habitantes de cada país. A partir de esta identificación sostiene, por ejemplo, que el verbo de la cultura alemana es *obedecer*, pues dentro de su objetivo como cultura está el orden y la planeación. Asimismo, que el orden, la disciplina, los sistemas, la inteligencia y la búsqueda permanente de la perfección (ingeniería) son parte de su complejo de superioridad. En tanto, afirma Rapaille (2015) que el verbo de los italianos es *actuar* (alardear), el de los estadounidenses, *hacer* y el de los franceses, *pensar*.

En América Latina, el verbo de la cultura colombiana, según Clotaire, es *vivir* (su música es prueba de ello), en tanto que el de la cultura argentina es *ser soberbio* (los ejemplos abundan). **En el caso mexicano identifica tres verbos: *sufrir*, *sobrevivir* y *aguantar*, en ese orden, siendo el último de estos el verbo más representativo de nuestra cultura.**

Esto explica muchas cosas, entre ellas, que podemos estar estancados ante los efectos del sueño y la visualización. **Es necesario empezar a sensorizar si lo que queremos es avanzar.**

VISUALIZAR

La visualización suele emplearse de diversas maneras y en más de un sentido, incluso cuando ni siquiera se comprende. No es como la utilizan en los cursos de la ley de la atracción bajo el mandato de "visualízalo y se va a manifestar", no es así de simple, tiene un fondo mucho más profundo y complejo, y hoy lo vamos a analizar detalladamente para que sea muy clara su comprensión; pero, sobre todo, vamos a estudiar cómo funciona la mente y por qué este proceso es tan importante y poderoso en las transformaciones conductuales que son, en última instancia, las que determinan nuestros resultados.

Visualización es un término que se queda muy corto, que limita el efecto que estamos buscando, porque en realidad lo que solemos hacer cuando realizamos este ejercicio no es visualizar, sino emplear todos los sentidos a través de una de nuestras poderosas facultades superiores: la imaginación.

Visualizar es una acción que nos remite a la utilización del sentido de la vista dentro de la imaginación, esto es, dentro de las facultades superiores de la mente. Ahí, y sólo ahí, estando dentro de estas facultades, vamos a tener una experiencia en la que sí vamos a estar viendo, vamos a estar visualizando y también vamos a estar escuchando, oliendo, palpando e incluso saboreando.

Sensorizar no es un término que vayas a encontrar si lo *googleas*, vas a hallar cosas diferentes, relacionadas con procesos tecnológicos y manejo de datos por medio de sensores, pero, para mí, la manera correcta de referirnos a este proceso es con dicha palabra: *Sensorizar*. La razón es que vamos a emplear todos los sentidos en este proceso, que es sumamente poderoso e importante en los cambios conductuales. Así que empecemos a abordarlo para entenderlo.

SENSORIZAR

Hasta ahora hemos visto cómo los conceptos *soñar* y *visualizar*, tan explotados por los promotores de la filosofía de la ley de la atracción, no son siquiera parte de un proceso; de ahí que los resultados no sean satisfactorios en términos de cambios conductuales. Ahora, vamos entonces a analizar el elemento crucial de este libro: aquí te explico cómo y por qué es que funciona la Sensorización.

Empecemos hablando de la mente.

Existen dos partes en tu mente que intervienen en el proceso de creación y experimentación de la realidad física. La mente tiene más componentes. Si la estudias profundamente o hablas con un psicólogo o un psiquiatra te hablará de cuatro, cinco o hasta seis partes de la mente. Aquí nosotros sólo nos referimos a dos de ellas, que son las que intervienen en el proceso de Sensorización, la parte consciente y la parte subconsciente.

En términos concretos, la Mente consciente es la que procesa y acumula información, es donde están tus pensamientos, sueños e ideas. En tanto que la parte subconsciente es la que controla todo tu comportamiento, y este es el que genera tus resultados. Por esta situación es que debemos entender con precisión estas dos divisiones.

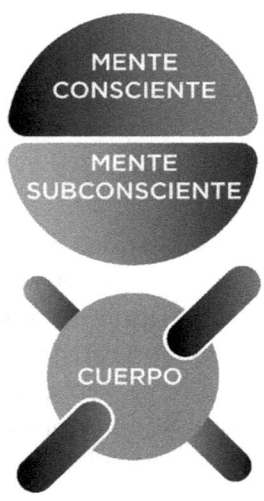

¿Qué características tiene cada una de ellas? No vamos a profundizar aquí, porque no es el tema, en las características de la mente consciente; de esta te puedo decir que es la que acumula y procesa información, que tiene la capacidad de elegir, aceptar o rechazar ideas, que su idioma, su lenguaje, son las palabras; que tiene conciencia del tiempo como presente, pasado y futuro. Estas son sólo las más relevantes. Tomémoslas como base para profundizar en las características de la mente subconsciente. Aquí es muy importante entender que esta es la que controla el comportamiento.

Repito constantemente en mis cursos y conferencias que no existen las casualidades ni las coincidencias, no es posible, no es viable que en un universo perfecto, tan sabio y organizado haya espacio para las casualidades, para que algo pasara por si o de repente pudiera haber sido sí o no, no hay manera de que eso sea posible. Todo sucede a partir de una causa y un efecto. Entonces, tu comportamiento es el que genera tus resultados y no es aleatorio, se dará dependiendo de lo que tengas programado en tu mente.

Otra característica de tu mente subconsciente, que es de enorme trascendencia en este momento del proceso, es que acepta todo. Cuando decimos que tu mente subconsciente acepta todo, nos referimos a que no tiene la capacidad de rechazar ideas: si tú le grabas a tu mente subconsciente que eres tonto, no hay manera de que eso cambie; de igual manera que si le inculcas a tu mente que eres inteligente, eres inteligente y así será.

Esto es muy evidente cuando estamos trabajando con hipnosis. Una persona en estado de hipnosis tiene "dormida", distraída la parte consciente y está trabajando totalmente con la mente subconsciente; entonces, todo lo que le digas a una persona hipnotizada llega al subconsciente, lo acepta y no lo puede rechazar. Por tanto, si yo le digo a un adulto en trance hipnótico, pongamos por caso a un empresario en una convención de negocios: "Tienes tres años y tienes mucha hambre", él acepta la idea y con todo y su barba y su gafete de director general empieza a hablar como niño pequeño y a gritar que tiene hambre.

Así funciona, la mente subconsciente acepta todo lo que llegue a ella. Por eso, una de las funciones de la mente consciente es ser un guardián, una reja que no deja pasar toda la información, pero si logramos que la información llegue a la mente subconsciente, la va a aceptar.

Bajo estas premisas, el proceso se Sensorización que estamos analizando en este libro nos va a ayudar a darle ideas a la mente, las cuales queremos que acepte y que acepte como verdaderas. Y así será.

Una característica muy importante de la mente subconsciente es su lenguaje. A diferencia de la mente consciente, cuyo medio de comunicación son las palabras, el de la mente subconsciente son las imágenes. La mente subconsciente no entiende palabras, estas son un vehículo para generar imágenes: cada vez que escribes, cada vez que piensas, cada vez que hablas, tu mente subconsciente lo transforma en imágenes. Esas palabras se transforman en imágenes que son esas huellas psíquicas de las que hablaba el semiotista suizo Ferdinand de Saussure (1945); por tanto, esas imágenes son la que impactan y las que generan el resto del proceso. De ahí la importancia de los denominados mapas mentales en los procesos de enseñanza - aprendizaje.

Otra característica sumamente importante en este proceso es que el tiempo no existe para tu mente subconsciente, todo está en presente, todo existe en este momento; el pasado, el presente y el futuro, todo ocurre en este momento. Si yo hoy le digo a mi mente que es 25 de octubre de 2043, para mi mente hoy es esa fecha; igual que si yo me voy a recordar mi pastel de cumpleaños cuando cumplí cuatro, para mi mente hoy sería 23 de marzo de 1978, ese día, en ese instante, es ahora.

Voy a echar mano de un compañero que nos ayuda a entenderlo mejor. Se trata de un pequeño cartuchito de Mario Bros, en el que está contenido el pasado, el presente y el futuro de este personaje, con toda su historia en presente, aquí y ahora. Por un lado, tenemos el mundo 1 y, por otro, el mundo 7, al mismo tiempo: aquí y ahora está el momento en el que conoce a la princesa, y aquí y ahora está el momento en el que la rescata, así como el momento en que cae al barranco y no logra llegar al castillo, y el momento en que no cae al barranco y obtiene un nuevo superpoder. En el cartucho está absolutamente todo. Pero ¿qué de todo esto es lo que yo veo?: lo que está en mi conciencia en ese momento, la escena en la que pongo mi atención; porque donde está mi atención, está mi conciencia.

Si inserto el cartuchito en el aparato, lo enciendo y elijo el mundo 2, lo que voy a estar viendo es el momento del mundo 2; pero eso no quita que todo lo demás este en el cartuchito.

Es un concepto complejo para el cerebro, que no está tan preparado para entender eso, pero creo que esto ayuda mucho. Por eso señalo con especial énfasis que, para tu mente, el tiempo no existe, todo es en presente.

Otras características en las que no vamos a profundizar es que tu mente subconsciente es asociativa, autoconfirmante y también cálida e imprecisa. Por ahora, quedémonos con estas tres ideas:

- el tiempo no existe en tu mente subconsciente, todo es en presente;
- acepta todo, no tiene la capacidad de rechazar, y
- su lenguaje son las imágenes.

En términos de neurociencia —porque esto no es filosofía, esto es ciencia—,

lo que te sucede y lo que imaginas que te sucede tiene exactamente el mismo peso neurológico para tu cerebro.

Si yo en este momento me subo a un avión y me siento en la fila 1 de la primera clase, o me imagino que me subo a un avión y me siento en la fila 1 de la primera clase, para mi cerebro y para mi mente es exactamente la misma experiencia. Y es así porque todo lo que aparentemente vives en el plano material lo experimentas realmente en tu conciencia. Resulta tan útil que hay grupos de mucha relevancia en el mundo de la ciencia y el deporte (NASA, F1, Olimpiadas), entre otros, que lo hacen para ensayar y para entrenar cuando las circunstancias no les permiten hacerlo en un escenario físico ("real"). No puedes estar entrenando a los astronautas y poniéndolos en un cohete real todas las veces que están practicando, sería financieramente inviable. No es posible que una nadadora olímpica entrene en la alberca cuando tiene ocho meses de embarazo. Así como no es posible que una gimnasta practique en las barras asimétricas cuando tiene un brazo enyesado. En cualquiera de estos casos, los sientan en cómodos sillones, les conectan sensores por todo el cuerpo y los llevan a SENSORIZAR la experiencia de estar en la nave, la alberca o el piso de competencia. Es así que van viviendo toda la experiencia desde que abordan, se colocan los cinturones, el casco, escuchan la cuenta regresiva y despegan.

De la misma forma, atletas y artistas, sensorizan los eventos de principio a fin. En todos los casos, los aparatos de medición y control que los monitorean reportan que el ritmo cardiaco hasta la sudoración, pasando por todas las respuestas nerviosas y musculares, se alteran exactamente de la misma forma que cuando lo están llevando a cabo con acciones "reales" en escenarios "reales".

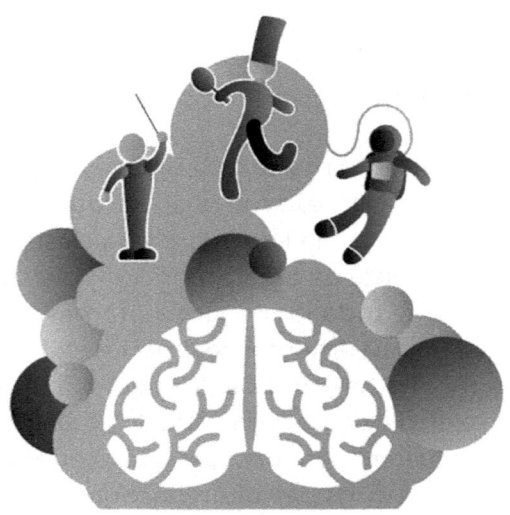

Piensa por ahora en los atletas olímpicos: una competidora que practica carrera de obstáculos se levanta un día para entrenar y está nevando, están reparando la pista o cualquier otra eventualidad fuera de su alcance; entonces, la sientan en un sillón con todos los aparatos transmisores y la llevan a un recorrido dentro de su cabeza, provocando que su imaginación haga todo el recorrido que estaría haciendo si estuviera físicamente en la pista, en las condiciones normales que exige su disciplina.

El proceso es similar a su rutina habitual: sale del vestidor, camina hacia la pista, se coloca en posición de arranque en la línea de salida, escucha el disparo, corre, salta, corre, salta, llega a la meta, le aplauden, gritan su nombre; todo lo vive desde su imaginación, viendo lo que vería si estuviera allá afuera, escuchando lo que escucharía si estuviera allá afuera, oliendo lo que olería si estuviera allá afuera, y así con todos sus sentidos.

Al final del ejercicio, ellos revisan todas las reacciones que registraron los aparatos que tiene conectados: las reacciones del cuerpo fueron exactamente las mismas. La memoria de las acciones, las palpitaciones, los nervios, las reacciones musculares, la sudoración, todo exactamente igual que si hubiera corrido la carrera. Para su cuerpo y para su mente, ella corrió la carrera, esta fue sensorizada. Este concepto es importantísimo porque si lo que te sucede y lo que piensas que te sucede tienen el mismo peso neurológico para tu cerebro, puedes trabajar, puedes ensayar, puedes experimentar desde el vehículo narrativo de tu imaginación. El efecto será el mismo.

De este modo, lo que conocíamos como visualización y a partir de ahora reconocemos como Sensorización tiene un peso y un impacto muy poderoso en nuestra mente, en nuestras vidas, en nuestros resultados.

Aquí vale la pena comentar uno de los proyectos más novedosos realizados para probar la capacidad del cerebro humano y el poder del subconsciente, titulado *La piel de la cultura* (Ferrés, 2014). Derrick De Kerckhove, quien se sometió al experimento, relata la experiencia enfrentado a una pantalla:

> Me conectaron —dice— a un ordenador mediante varios dispositivos colocados en mi piel, uno en particular, en mi dedo izquierdo para medir la conductividad cutánea; otro, en la frente para examinar la actividad cerebral; un tercero, en la muñeca izquierda para registrar el pulso, y un último sobre el área del corazón, con el propósito de medir la circulación. Asimismo, un *joystick* en la mano izquierda. Presionándolo hacia delante y hacia atrás podría indicar si me gustaban o desagradaban las imágenes que me estaban exponiendo.

Los organizadores del proyecto abandonaron el laboratorio y quedó sólo en la sala.

Derrick señala que lo que vio fue un típico menu de imágenes a un ritmo rápido, en el que había sexo, publicidad, noticias, debates, sentimentalismo y tedio. Los cortes eran de alrededor de quince segundos, un estándar medio; él, como crítico instintivo, encontraba difícil mantener el ritmo con el *joystick*.

Al final del experimento, que duró veinte minutos, decía sentirse absolutamente frustrado por no haber podido expresar algunas débiles aprobaciones y desaprobaciones, pues en muchas escenas no había tenido tiempo suficiente para expresar nada en absoluto. Sin embargo, cuando los encargados del experimento rebobinaron la cinta y revisaron los gráficos impresos, estos contrastaban con la frustración que decía sentir.

Resulta que vio cada escena, cada golpe y cada cambio de imagen que habían sido grabados por un sensor u otro y habían sido introducidos en el ordenador. Podía ver los densos perfiles de los gráficos que se correspondían con su conductividad cutánea, el pulso, los latidos del corazón, así como las racciones de su frente. Esto es, mientras que él se esforzaba por expresar una opinión mediante el *joystick*, todo su cuerpo había estado escuchando y observando, y había reaccionado instantáneamente.

Este experimento fue pionero en los estudios del cerebro, en particular, del poder del subconsciente, que ha servido a los campos de la neurociencia, la neuroeducación y hasta el neuromarketing.

Lo dicho nos ayuda a entender los alcances y el poder de la Sensorización, sólo que aquí no se trata de sujetar un *joystick* e intentar responder de una u otra manera a las imágenes que nos proyectan, sino de disponernos a viajar por nuestra imaginación en un "estado asociado", algo que veremos más adelante.

Ahora bien, considera que estamos trabajando con el proceso creativo. Todo lo que hacemos en mis programas, particularmente en Thinking Into Results y en Train The Brain Academy, es trabajar conscientemente con el proceso creativo, para que nuestros pensamientos detonen emociones, las cuales determinen nuestra vibración, esta controle nuestro comportamiento y este defina nuestros resultados. Por tanto, se trata de entrenar a nuestro cerebro y a nuestra mente con estos ejercicios de Sensorización, que ayudarán a que se vaya acostumbrando y asociando el proceso a una realidad, lo cual empezará a generarte lo mismo en tu vida diaria.

Si estamos de acuerdo en que escribir es una labor meritoria, destacada, plausible, vamos, un gozo (me refiero al oficio de escribir y más particularmente literatura, pensemos en los premios Nobel), bueno, pues lo es por una razón fundamental: porque escribir es poner en orden los sentidos, como diría el maestro Alfonso Reyes. En lo personal, estoy convencido de esto porque cuando lees un gran libro, una historia bien contada, puedes trasladarte a otro contexto; es decir, imaginar, ver, sentir, oler y saborear la trama.

SENSORIZACIÓN CREATIVA

La Sensorización en el proceso creativo

Tu vida es un constante proceso de creación: tú "creas", o dicho de una forma más fácil de comprender, provocas que personas, objetos, situaciones y eventos se presenten en tu realidad, de forma que puedas vivir ciertas experiencias específicas. A esto se le conoce como "proceso creativo".

Lo primero que debes saber es que el proceso creativo opera, ha operado y va a operar siempre, cada instante de tu vida, seas consciente de ello o no; y, hasta ahora, lo más probable es que lo has hecho sin que seas consciente de que es así. A partir de este momento, si quieres tener el control de lo que ocurre en tu vida y, en consecuencia, de los resultados que obtienes de ella, debes poner en marcha este proceso de forma consciente y deliberada.

Aquí es importante entonces subrayar que el proceso creativo tiene cinco pasos. El paso número uno es fijar la meta, es decidir, definir claramente qué quiero lograr; para el ejemplo de la carrera, digamos que es el siguiente: "soy ganador de esta carrera de obstáculos". Posteriormente, a esta meta le voy a crear una imagen; este es el paso 2. Recuerda que tu mente subconsciente trabaja con imágenes. En este ejemplo, la imagen es el preciso momento en el que estoy cruzando la meta, siento el listón de la meta aquí en mi pecho, escucho los aplausos y mi nombre entre las ovaciones del público, veo a mis personas favoritas, a mi familia, a mis amigos, a los aficionados aplaudiéndome y gritándo emocionados. Esa es la imagen que le estoy creando a mi meta.

Ahora que ya tengo la imagen, viene el paso tres, que es involucrar la emoción, sentirlo real. ¿Y cómo logro sentirlo real?: a través de la repetición constante y espaciada; sensorizándolo una y otra y otra vez; viviendo esa imagen, esa escena en mi imaginación al tiempo que involucro todos los estímulos sensoriales y las emociones, tal como si lo estuviera haciendo en el plano físico, en lo que llamamos "realidad".

La primera vez que lo haga, lo más probable es que lo interprete como una fantasía, como algo que "no es real", te lo aseguro. Es poco común que alguien lo acepte como real la primera vez, pero, si soy persistente y lo sigo haciendo una y otra vez, llega un momento en que lo acepto, "me lo creo"; mi cerebro se lo cree, mi mente se lo cree, logro ese peso neurológico del que hablamos y, por ende, mi cuerpo se lo cree y lo acepta como real.

Los pasos cuatro y cinco del proceso creativo, en realidad, ya no son relevantes para el tema que estamos tratando en este libro; sin embargo, te los menciono para que tengas el panorama completo. El paso cuatro es atender a tu intuición, esta es otra de las seis facultades superiores de la mente y es la encargada de indicarte el camino a seguir. Y el paso cinco es actuar en consecuencia, es decir, siguiendo las indicaciones de la intuición.

ASÍ LO HAS HECHO TODO EL TIEMPO

Te comentaba al principio de este capítulo que el proceso creativo opera todo el tiempo, seas consciente de ello o no; aquí te dejo un par de ejemplos de cómo lo ha hecho en tu vida para bien o para mal.

Ejemplo 1: ¡Me asaltaron! ¿Por qué a mí?

Hace algunos años, durante uno de mis talleres, una participante me dijo que la habían asaltado en un semáforo; le dieron un cristalazo y se llevaron su bolsa y su celular. Me confesó estar completamente segura de que ella no había creado ese evento, le parecía absurdo siquiera pensarlo. Entonces empecé a hacerle algunas preguntas en una conversación como esta:

Alberto: ¿Dónde sucedió esto que me platicas?

Participante: En Constituyentes, una importante avenida de Ciudad de México, que, por cierto, se sabe que es muy peligrosa y que este tipo de asaltos ocurren con frecuencia.

Alberto: ¡No me digas! Y cuando a ti te sucedió, ¿sabías esto que me comentas?

Participante: Sí, claro, se sabe desde hace años.

Alberto: Ok, y dime una cosa: ¿recuerdas qué dijiste o pensaste o sentiste justo antes de hacer ese recorrido por esa avenida "tan peligrosa"?

Participante: ¡No! La verdad, no me acuerdo; bueno, en algún momento sólo pensé: 'Chin, me voy a tener que ir por Constituyentes', pero nada más.

Alberto: No te preocupes, no tenías que pensar nada más; por el simple hecho de haber pensado que te tenías que ir por ese camino, tu mente subconsciente detonó por asociación la idea que tenías registrada acerca de esa avenida y con esto fue suficiente para que se concretaran los pasos 1 y 2 del proceso creativo. Fijaste una meta: que te asaltaran, y creaste una imagen de esa escena en tu mente y en tu cerebro.

Participante: ¡No! De verdad, no creé esa imagen.

Alberto: Claro, no conscientemente, pero recuerda que pasas noventa y siete por ciento del día operando desde tu mente subconsciente, así que la meta se fijó y la imagen se creó desde ese nivel; ahí estaban, simplemente no eras consciente de ello.

Participante: ¿De verdad? ¡Qué fuerte! Y ahora que me dices todo esto, recuerdo que sí, antes y durante el recorrido, sentía miedo y algo de ansiedad, pero en un nivel muy bajito; lo normal, diría yo. Pero lo que sí te aseguro es que nunca lo sensoricé.

Alberto: Mira, muy bien, vamos atando cabos. Ese miedo "normal" es más que suficiente para el proceso creativo. Ahora, respecto a la sensorización, pasa lo mismo, fue a un nivel subconsciente…

Participante: Espera, espera, espera, entonces, ¿por qué no he sensorizado subconscientemente la imagen de la pareja que deseo o el negocio o la casa en la playa?

Alberto: ¡Excelente pregunta! No lo has hecho porque en tu mente se fijan metas, se generan imágenes y se sensoriza DE MANERA SUBCONSCIENTE todo aquello que aceptas como posible, como verdadero; eso en lo que crees, ya sea por temor o por deseo. El riesgo del asalto lo crees, lo aceptas como algo posible, como algo verdadero, por eso te hace sentir miedo y ansiedad. Tu pareja ideal y tu casa en la playa las deseas a nivel consciente, pero no las has aceptado a nivel subconsciente.

Participante: ¡Qué fuerte!… —Segundos de silencio—. Oye, pero ¿cómo eso hizo que me asaltaran a mí? En ese semáforo había más de veinte coches y sólo me asaltaron a mí.

Alberto: Recuerda que todo lo que existe es energía que vibra en diferentes frecuencias. ¡Vuelve a ver esa clase! La vibración en la que estabas en ese momento te convirtió en el blanco más atractivo para los asaltantes. ¿Por qué fueron hacia tu coche y no a los otros diecinueve?: por vibración. Ellos claramente no lo sabían, pero algo los llevó hacia ti. No tengo idea cómo operan, pero te aseguro que en ese semáforo quedaste en la posición que era más fácil o más segura para ellos. ¿Y por qué quedaste en esa posición?: por tu vibración, provocada por las imágenes subconscientes en tu mente.

Ejemplo 2: ¡Sabía que me iba a caer del caballo!

El año pasado (2020) en una sesión individual con una participante, ahora muy querida amiga, que seguramente está leyendo esto (¡hola, Ximena!), sucedió algo muy parecido, pero con una variante muy relevante: ella estaba consciente de lo que hacía.

Ximena, que siempre llegaba muy sonriente y alegre a sus sesiones, ese día llegó muy seria y lo primero que me dijo fue que esa mañana se había caído del caballo durante su entrenamiento y que estaba muy enojada porque en cuanto se cayó se dio cuenta de que así lo había estado sensorizando como un pensamiento recurrente por varios días.

Y ¿por qué lo hizo si sabía lo que pasaría? Sencillo, porque en ese momento le pareció normal ya que tenía miedo de caerse y no alcanzó a medir las consecuencias.

En ambos ejemplos la historia es la misma; en uno más consciente que en el otro, pero, al final, la misma historia. Todo lo "bueno" y todo lo "malo" que has experimentado en tu vida se ha creado de la misma manera. Ahora que lo sabes, TIENES EL CONTROL, sensoriza consciente, deliberadamente las escenas de lo que sí quieres que suceda, mientras más ejercites este poderoso músculo, lo irás haciendo de forma más natural hasta volverse un proceso automático en tu vida.

REPETICIÓN

Hace apenas unos meses, mi querido mentor y amigo Bob Proctor dejó este plano terrenal para continuar con su camino espiritual. Me siento muy afortunado de haber pasado los últimos diez años cerca de él.

No recuerdo una sola vez en la que no me insistiera en la importancia de la repetición, a la que siempre se refería como "repetición constante y espaciada". Él siempre me dijo que la repetición era la base de la educación y estoy totalmente de acuerdo con él.

Recuerda cuántas veces tuviste que repetir las vocales antes de aprendértelas; y qué tal el abecedario, las tablas de multiplicar, el vocabulario en inglés y, así, prácticamente todo lo que has aprendido.

Ahora piensa en tus hijos o sobrinos o cualquier niño con quien hayas pasado un tiempo considerable. ¿Cuántas veces ha visto sus películas favoritas? Mis hijas, al menos cincuenta veces cada una. La primera vez no se sabían las canciones, ni mucho menos los diálogos, pero ¿qué tal cuando la vieron por décima vez? Ya se sabían todas las canciones y gran parte de los diálogos. Y cuando llegaron a la número cincuenta, ¡se lo sabían todo! Así funciona la repetición.

Bob Proctor me enseñó a hacer esto para reprogramar mi cerebro y para transmitir este conocimiento a todos los participantes de mis cursos y programas. Si has estado en alguno de estos, sabes muy bien que ¡cada lección la estudiamos alrededor de veintiocho veces! El resultado es que te vuelves un experto, dominas perfectamente la información y, lo más importante, se ha fijado en tu cerebro y en tu mente.

Para que sea lo más claro posible, te lo voy a explicar tanto a nivel cerebral como mental. A nivel cerebral, ocurre lo que conocemos como sinapsis que, palabras más, palabras menos, es la conexión que se establece entre algunas de tus neuronas. Esta función también la vas a encontrar como neuroplasticidad.

Para llevar a cabo cada acción, cada movimiento, cada proceso de tu cuerpo, tu cerebro manda señales con instrucciones precisas; estas se dan gracias a la conexión que existe entre diferentes neuronas. Ahora, si tu cerebro detecta que esa acción o proceso se llevó a cabo una vez y no se repitió, deshace la conexión entre esas neuronas y las deja, digamos, disponibles. Pero si detecta que ese proceso o conducta se lleva a cabo con frecuencia, mantiene las conexiones y, cada vez que se repite, las refuerza, hasta el punto en que quedan conectadas por muy largos períodos —hablo de meses e incluso años—.

Esto lo puedes ver claramente en la forma como te lavas los dientes, andas en bici o manejas un coche, entre muchísimas otras. Piénsalo, todo lo anterior parece que lo hiciera un robot dentro de ti; no necesitas prestar atención ni hacer cada movimiento de forma deliberada; está programado en tu cerebro y se hace de forma automática.

Tu cerebro hace esto porque, entre los miles de funciones de las que se hace cargo, una de las más importantes es mantenerte con vida y, en este caso, particularmente, cuando te enfrentas a una situación de peligro inesperada. En un momento así, tu cerebro sabe que debe contar con una cantidad importante de energía para que puedas luchar o huir. Entonces, preserva estas conexiones sinápticas al realizar cualquiera de las actividades que tiene ya grabadas; es decir, provoca que las hagas de forma automática, consumiendo mucho menos energía que si las hicieras con toda tu atención y conciencia, de modo que esa energía que ahorró la guarda para mantenerte a salvo ante una emergencia.

Por otro lado, lo podemos comprender también desde el punto de vista de la mente y el proceso es muy similar, así que te lo explicaré más brevemente. Toda la información que percibes de tu entorno a través de tus sentidos es captada por la parte consciente de tu mente en forma de ideas; esta tiene la capacidad de elegir, es decir, puede aceptar o rechazar cada una de esas ideas. Si rechaza una idea, no pasa nada, todo sigue igual; pero si la acepta, esta pasa a la parte subconsciente de tu mente y, al igual que en el cerebro, si esto ocurre repetidamente, tu mente subconsciente la graba como un programa que ejecutará de manera automática ciertos comportamientos. A esto lo llamamos "**paradigma**". El paradigma es un programa mental que tiene control casi absoluto sobre tu comportamiento habitual, y prácticamente todo tu comportamiento es habitual.

El ejemplo que más fácilmente vas a identificar es el de tu mamá diciéndote que te pongas zapatos porque si caminas descalzo te va a dar gripa. ¿Lo recuerdas? Cómo no, si te lo dijo cientos o miles de veces. Esta bellísima repetición constante y espaciada creó sinapsis en tu cerebro y un paradigma en tu mente subconsciente. Es por esto por lo que cada vez que se te ocurre caminar descalzo te da gripa. Y a estas alturas de la vida, ya te habrás dado cuenta de que no es una verdad universal; miles de personas caminan descalzas y no se enferman, pero tú sí, porque así lo tienes programado.

Muy bien, entonces, como dije antes, la neurociencia nos enseña que lo que te pasa y lo que te imaginas que te pasa tienen excatamente el mismo peso neurológico para tu cerebro; por esto, la **sensorización** es tan poderosa en el proceso de transformación personal y logro de metas. Imagina el poder que tiene si aplicas el principio de la repetición a tu práctica de **sensorización**; te vuelves un verdadero experto en eso que **sensorizas**.

Mis recomendaciones, siguiendo los pasos del proceso creativo, son:

1. Fija una Meta, eso que realmente quieres en tu vida: una pareja, una casa, mejores ingresos, salud. ¿Qué es eso que realmente deseas?
2. Crea una imagen de tu meta ya realizada; construye una escena en la que ya está ocurriendo.
3. Sensoriza esa escena dos o tres o cien veces al día, hasta que sientas la emoción que te genera ya haber alcanzado tu objetivo.
4. Pon mucha atención a tu intuición.
5. Actúa conforme a tu intuición.

IMAGINERÍA Y ANCLAJES MENTALES

Muchos no lo saben, pero, a unos días de retirarse de las pistas, el gran velocista jamaicano Usain Bolt confesó haberse sentido nervioso, lo cual hizo más emotiva su despedida. Por su madre, sabemos que sus ataques de nervios eran habituales, que el corredor lloraba antes de cada carrera. Esta era una de sus debilidades en sus comienzos, la cual no podía antes de cada competición. Su madre relata lo siguiente: "Cuando hablé con él dejó de llorar y creo que lo pensó y después dijo: 'Está bien, mamá, voy a hacer lo mejor'. Le dije: el Señor está contigo y voy a rezar por ti. Él simplemente salió, lo vi correr con toda la multitud gritando su nombre (…) Creo que eso lo ayudó a motivarse".[2]

La madre le había instalado una imagen en su mente: le puso un pensamiento que lo conectó con la emoción, uno que lo ayudó a vibrar y a comportarse en la pista como lo que fue, un gran velocista, el mejor del mundo.

Te has preguntado cómo es la mente de una atleta, cómo funciona. ¿Se puede entrenar el cerebro como un músculo para que rinda más? En la competencia, ¿la neurociencia y la psicología cognitiva son las armas letales del rendimiento? **La mente determina el noventa y cinco por ciento del rendimiento de una atleta**, hay que entrenarla, hay que educarla, es el músculo más importante, la clave en su futuro.

---

[2] Su madre Jennifer al recordar los campeonatos juveniles en 2002. En entrevista para la cadena de noticias BBC. Disponible en: https://www.bbc.com/mundo/deportes-40826004

El INSEP (L'Institut National Du Sport, de L'expertise et la Performance), centro del deporte francés élite, es donde los atletas de todas las disciplinas se preparan. Por el investigador G. Berthelot, quien trabaja en la Unidad de Desarrollo Digital y de la Innovación de dicho Instituto, sabemos de las últimas investigaciones en las que han estudiado más de tres mil récords mundiales y más de cuatro mil hazañas olímpicas de todas las disciplinas deportivas.

Los resultados son que el ser humano tiene límites biológicos y evolutivos, que son impuestos por restricciones físicas. Sin embargo, también arrojan que la mente puede ser el mejor aliado para el rendimiento del atleta, así como un reto y una frontera a explorar, y, así mismo, descubrieron que el atleta puede progresar a través de su mente, por lo que esta es la última frontera por explorar, el reto para los atletas ávidos de imponer nuevos récords.

En Marsella existe el club que dio el primer paso para la preparación mental, es el Círculo de Nadadores de Marsella, casa de atletas como Camill Lacourt, Frédéric Bousquet y Florent Manaudou, reconocidos internacionalmente por haber ganado más de treinta medallas olímpicas. ¿Cúal es el secreto de estos nadadores?

Thomas Sammut ha revolucionado el enfoque mental de este club. Al inicio era un tema tabú en el que nadie le daba la importancia que merecía a la mente y sólo se enfocaban en el rendimiento físico. Una suerte de vieja escuela. Thomas empezó un experimento basado en el bienestar de los nadadores y se dio cuenta de que estaban acostumbrados a combatir y eliminar las emociones: en aquellos tiempos no se permitía sentir. Comprendió entonces que vivir y sentir las emociones hacía toda la diferencia en los atletas, pues les levantaba el ánimo, el cual los impulsaba a ganar cuando conseguían dominarlo, logrando así obtener resultados inesperados.

Ejemplo de esto es el de Florent Manaudou, quien estuvo acompañado por Sammut durante el entrenamiento. Manaudou empieza a nadar en 2011, siendo la nueva promesa francesa; físicamente, tenía un gran potencial, pero de igual forma acarreaba bloqueos interiores que lo hacían sentirse menos que los otros nadadores: decía que era muy difícil gestionar las emociones en grandes competencias.

En 2012, en el campeonato de natación para calificar a las olimpiadas de Londres, existían sólo dos plazas para los 50 metros. Florent debía competir con los mejores nadadores franceses, lo cual representaba para él algo imposible. En cuanto a lo físico, Florent era el más grande y musculoso, sin embargo, él, en su mente, se veía como el más pequeño. Al final todo era cuestión de percepción. Competiría contra Alain Bernard, Amaury Leveaux, Fabien Gillot y Fred Bousquet, a quienes Florent veía como veloces máquinas de nado en la piscina; todos ellos, con medallas internacionales.

En el papel, era, digamos, prácticamente imposible creer que podía ganarles. Luego Sammut le preguntó: "¿Cuál es tu fuerte, Florent?, ¿en qué los superas? Y él respondió: "En musculatura, eso me gusta". En ese momento, Sammut le propuso que pusiera en su mente un recuerdo emotivo, asociado con una palabra; debía llevar esa memoria a lo más profundo de su cerebro, sentirlo con todo su ser y relacionarlo con la palabra *poderío*.

Cuando Florent entrenaba, recordaba y sentía, se asumía poderoso, ese sentimiento lo acompañaba a todos lados. Eso lo hizo quedar en segundo lugar y ganar una plaza para las olimpiadas de Londres 2012. La gran sorpresa fue que, en dichos juegos, Florent Manaudou fue el campeón olímpico de los 50 metros, por arriba de Jones y Cielo, campeones olímpicos en ese momento.

El método utilizado por Sammut tiene un respaldo científico. En el Brain and Creativity Institute de California, el especialista mundial en estudios del cerebro, Antonio Damasio, ha investigado el papel de las emociones en las decisiones y acepta que el caso de Manaudou hubiera sido casi imposible si no hubieran intervenido las emociones. **Asegura que lo primero que debe existir es una película, que se proyecte en tu cabeza, de la escena que se está buscando, integrando elementos visuales, sonoros e incluso vinculados al tacto y al olfato.**

Durante sus entrenamientos, Florent activa su cerebro interiorizando (Sensorizando) la escena, el recuerdo. El córtex visual almacena esa imagen. El córtex auditivo registra el sonido. El sistema límbico memoriza la emoción y el sentimiento positivo. El hipocampo, muy importante para el aprendizaje, guarda el recuerdo asociado con la palabra *poderío*. Todos esos elementos interiorizados sólo necesitan la palabra *poderío* para reactivarse y liberar en el cuerpo la energía asociada.

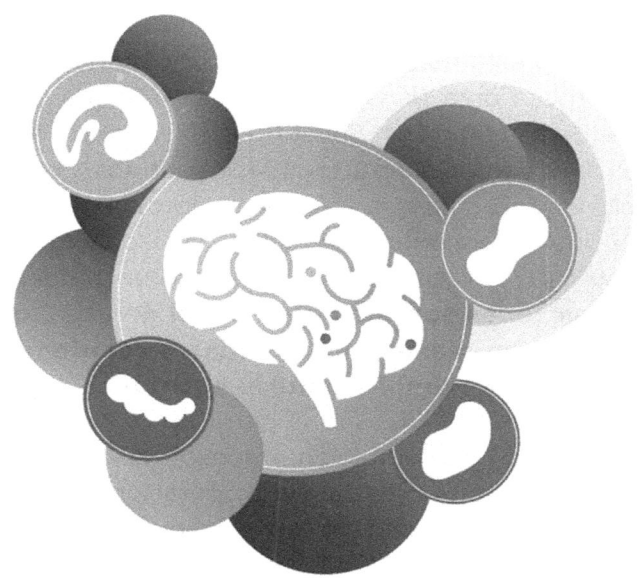

La palabra (cualquiera que tú asocies con tu imagen) funciona, pues, como la señal "desencadenante", como "atajo" para crear esa imagen; en este caso, permitió juntar todo el esfuerzo y mejorar el rendimiento, según Damasio (2019).
Ahora bien, el profesor Aymeric Guillot, reconocido como uno de los mayores especialistas en imaginería mental de Europa, es investigador de la Universidad de Lyon, donde codirige el Laboratorio Interuniversitario del Movimiento Humano, y estudia la neurofisiología de los procesos mentales; él asegura que esta herramienta simplifica y construye un camino neuronal simple y eficaz que permite recordar inmediatamente el recurso.

De este modo, podemos ver que la preparación mental tiene ahora un gran peso en los atletas de alto rendimiento, los resultados hablan por sí solos.

Cabe señalar que el trabajo de Thomas Sammut, destacado preparador mental, no se quedó sólo en los nadadores, sino que alcanzó también la mente de los jóvenes gimnastas; actualmente, está colaborando con Tais Boura, de quince años, promesa para París 2024. Con ella, lleva a cabo sus sesiones de meditación y Sensorización (ya que no sólo visualiza, sino que involucra todos los sentidos, generando sensaciones corporales), en las que se apropia de la palabra *anclaje*, que desencadena la imagen deseada y repite dentro de su cabeza cada detalle de la escena creada. **Todas esas sensaciones son recibidas por el cerebro, que no distingue si son reales o imaginadas. Recordemos que para el cerebro es simplemente lo mismo.**

Estos ejercicios de meditación y sensorización son ahora elementos indispensables para la preparación de los atletas de élite. La ciencia respalda lo que pasa en el cerebro cuando están haciendo el ejercicio de Sensorización, ya que la actividad neuronal es idéntica entre una acción imaginaria y una material. Realizar un movimiento o imaginar el mismo movimiento activa prácticamente las mismas zonas en el cerebro. Por eso, hablamos de que en el proceso de Sensorización ambas actividades tienen el mismo peso neuronal.

FACULTADES SUPERIORES DE LA MENTE

Si tan sólo prestas un poco de atención, te vas a percatar de que los seres humanos estamos programados para vivir desde afuera hacia adentro, es decir, a poner como prioridad lo que sucede en nuestro exterior y asumir que esto define nuestro estado interno. Un ejemplo muy sencillo es el de la persona que se muestra alegre y llena de energía cuando el clima es frío, pero cuando hace calor se enoja y se pone de malas. Piensa ahora en los adolescentes que se deprimen cuando su novio no los llama durante cierto número de horas o en los ejecutivos de ventas que se estresan y se enferman durante los períodos de cierre de mes. En todos los casos, la persona subordina su estado de ser a otras personas, objetos, eventos o circunstancias; se vuelven marionetas de lo que los rodea, dependen de algo externo que determina su estado de ser o estar.

La realidad es que si queremos tener control sobre los resultados que obtenemos en la vida, si queremos ser realmente libres e independientes, debemos vivir desde el interior hacia el exterior; esto sólo es posible si usamos adecuadamente las facultades más elevadas que tenemos y que han sido diseñadas para hacernos la forma de vida más elevada de la creación en el planeta; nos referimos a las facultades intelectuales o facultades superiores de la mente: Percepción, Razón, Intuición, Memoria, Imaginación y Voluntad (PRIMIV).

Es muy poco común encontrar a alguna persona que haya sido educada para hacer uso de estas facultades para crear la vida que quiere. Cuando hallas a alguien así, lo más probable es que descubras que estaba utilizando inconscientemente sus facultades. En la mayoría de los casos, no son conscientes de que esto es lo que les ha diferenciado de los demás.

Por lo general, asumimos que estas personas son especiales o que simplemente tienen buena suerte, porque ellas, así como quienes observan su rendimiento, carecen de la consciencia de qué es exactamente lo que han hecho que es tan evidentemente diferente.

La realidad es que todos tenemos estas facultades superiores, y, tristemente, ni padres ni maestros nos hablan de ellas, no porque sean egoístas, sino simplemente porque a ellos tampoco se las enseñaron.

Mira lo que siempre ha pasado y sigue pasando en el mundo. Siendo pequeños escuchamos: "¡la vida es muy complicada!", "¡si caminas descalzo te da gripa!", "¡para vivir bien, tienes que esforzarte mucho!", "¡el dinero no cae del cielo!"…

Y así las condiciones o circunstancias empiezan a controlarnos.

Las calificaciones en la escuela nos dicen el tipo de estudiante que somos. Las calificaciones se convierten en un balance financiero o en una estadística de ventas, o quizá en una puntuación de rendimiento; siempre se trata de un registro de algo que ha sucedido en el pasado. Así es como está controlada la vida de la mayoría de las personas, en muchos casos, desde que nacen hasta que mueren.

Tus facultades superiores son las que te hacen diferente del resto del reino animal.

Son estas facultades las que te permiten obtener y disfrutar los resultados que quieres.

Comprende que las únicas limitaciones que encontrarás son aquellas que tú mismo te impongas. Verdaderamente, tienes un potencial infinito. No hay límite para aquello que eres capaz de hacer. Tan sólo observa el mundo a tu alrededor y los avances que se han realizado en los últimos años. Todos han sido resultado de un grupo de personas haciendo uso de sus facultades superiores para crear un mundo mejor. No te quepa duda de que aquello que ellos han podido concretar tú también lo puedes consumar. Trabajas con el mismo poder con el que ellos lo hicieron, las mismas facultades con las que ellos trabajaron.

Tu facultad de razonamiento te da la capacidad para rechazar cualquier cosa que venga del exterior y en ninguna parte se ha escrito nunca que la circunstancia haya tenido el dominio sobre el hombre.
Tienes un potencial infinito.

"La mente es el mayor poder de toda la creación", afirma J. B. Rhine.

Repasemos cada una de tus facultades superiores:

Es la capacidad de la mente humana para establecer relaciones entre ideas o conceptos, y obtener conclusiones o formar juicios. La razón nos da la capacidad de pensar y pensar es la más importante de nuestras funciones. Tu capacidad de razonamiento inductivo es la que te permite originar pensamientos individuales y unirlos en la formación de ideas. Podemos observar lo que hacemos y pensar en ideas acerca de cómo lo podemos hacer mejor.

Dado que controlamos nuestro pensamiento, no deberíamos invertir tiempo en pensamientos negativos ni originando ideas sobre por qué algo no se puede hacer.

PERCEPCIÓN

Es el primer conocimiento que tienes de una cosa por medio de las impresiones que comunican los sentidos. Tu percepción es tu punto de vista. Cuando vemos algo que nos hace pensar que cierta cosa no se puede hacer, podemos cambiar nuestra percepción de la situación y originar una idea sobre cómo sí sería posible hacerlo.

La ley universal de la polaridad afirma que todo lo que existe tiene dos polos opuestos: si existe el frío, tiene que existir el calor; si existe lo malo, tiene que existir lo bueno; si existe el problema, tiene que existir la solución.

Tu cerebro es capaz de procesar sólo una mínima parte de la enorme cantidad de estímulos que percibe por medio de los sentidos, así que, en cualquier caso, tenemos una percepción de la realidad, no la realidad absoluta.

VOLUNTAD

Es tu capacidad para decidir libremente lo que deseas y lo que no. La voluntad te permite mantener una imagen en la pantalla de tu mente, excluyendo toda distracción exterior, y enfocarte y concentrarte. Cuanto más practiques desarrollar tu voluntad, esta se hará más y más fuerte.

IMAGINACIÓN

Es la facultad para representar mentalmente sucesos, historias o imágenes. Es la capacidad para concebir ideas, proyectos o creaciones innovadoras. La imaginación crea fantasías, y estas son el primer estado de la creación en la vida. Este libro se originó a partir de una fantasía. La casa donde vives y la compañía en la que trabajas también se originaron a partir de una fantasía.

El proceso creativo se divide en tres etapas: fantasía, teoría y hecho. Es muy importante recordar que, sin la ayuda de tu imaginación, no sería posible creación alguna en tu vida. La estrella de la película de tu vida siempre será otra persona si no usas tu imaginación.

Todo se crea dos veces, primero con la imaginación en tu mente; segundo, como manifestación física en tu mundo material.

MEMORIA

Es la capacidad de recordar. Son imágenes o conjuntos de imágenes de hechos o situaciones pasados que quedan en la mente.

Tu Memoria es perfecta: no existe tal cosa como una mala memoria, sólo hay memorias débiles y memorias fuertes.

Todas nuestras facultades elevadas son perfectas, simplemente requieren ser ejercitadas para fortalecerse. Tu memoria te permite traer al presente personas, situaciones, eventos y sensaciones que no se encuentran físicamente en él.

INTUICIÓN

Es la habilidad para conocer, comprender o percibir algo de manera clara e inmediata, sin la intervención de la razón. A través de tu intuición captas vibraciones y las traduces en tu mente. Tu intuición te permite saber y saber que sabes qué está sucediendo a tu alrededor. Muchas veces nos referimos a la intuición como un sexto sentido, lo cual es un concepto erróneo, porque no es un sentido, es una de tus facultades superiores y puede ser desarrollada hasta un nivel extraordinario.

¡Es al revés! Primero los pensamientos, después los resultados.

Cuando observas tus resultados y dejas que se registren en tu mente, estos te hacen pensar. El pensamiento produce el sentimiento, el sentimiento causa la acción y esta genera el resultado; el mismo del que has partido; esto es un círculo vicioso.

Es precisamente por esto por lo que la mayoría de las personas siguen obteniendo los mismos resultados año tras año. Son las eternas batallas que libramos en un intento por mejorar pero que no producen los resultados que queremos. Ahora ya sabes por qué.

Deja ya de permitir que el mundo exterior controle tu mente. Observa objetivamente lo que sucede en tu mundo exterior, pero No seas parte de él. Observa tus resultados como lo haría un extraño y piensa: "No creo que sea esto lo que quiero", y empieza a pensar en lo que sí quieres. Piensa pensamientos que crearán la idea de lo que quieres. Los pensamientos causan las emociones, las emociones causan las acciones y las acciones producen un nuevo resultado. En ese punto observas conscientemente el nuevo resultado, te adaptas mentalmente a los nuevos resultados e inmediatamente empiezas a generar pensamientos que crearán la idea de cómo mejorar desde ese punto.

Todo empieza con el pensamiento, pues este causa la emoción, la emoción causa la acción, y la acción causa el resultado. Observa el resultado y empieza una nueva secuencia de pensamiento. Tú estás al mando de ti. No permitas que el mundo exterior te controle. Tú controlas el mundo exterior.

EL ABC DE LA SENSORIZACIÓN

Y, bien, ¿cómo sensorizamos?

Lo primero que quiero establecer es que la sensorización debe ser siempre un ejercicio relajado, natural y, sobre todo, ¡que disfrutes plenamente! Teniendo esto en cuenta, ahora te indico los elementos y consideraciones necesarios para que tu práctica de sensorización te permita crear el estado de ser alineado con tu deseo, para que este último sea expresado en tu realidad y puedas experimentarlo en plenitud.

Asociado

Cuando usas tu maravillosa imaginación, puedes hacerlo desde dos perspectivas: VIENDO la escena como si fuera una película que se proyecta en tu pantalla mental, en la que aparecen los escenarios, las situaciones y los personajes, incluido tú; o VIVIENDO la escena, tal como lo haces en tu vida diaria e incluso en tus sueños: viendo el mundo DESDE TUS PROPIOS OJOS. Es decir, no ves una película en la que apareces tú, sino que vives esa película desde tu cuerpo; en otras palabras, lo primero que alcanzas a ver es la punta de tu nariz y, si volteas hacia abajo, ves tus pies. Hacerlo de esta forma se conoce como ASOCIADO, mientras que a la primera perspectiva descrita se le conoce como DISOCIADO. Hacerlo asociado te va a permitir, mucho más fácilmente, generar el elemento indispensable para que esta práctica genere el efecto deseado: LA EMOCIÓN; de ella hablaremos al final de esta sección.

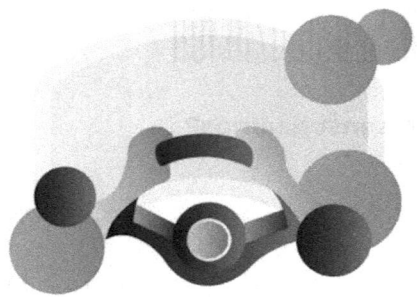

Busca todos los estímulos sensoriales

Este punto es el que define a la Sensorización ya que, a diferencia de la visualización, en la que sólo participa uno de tus sentidos, aquí involucramos los cinco. Te lo explico detalladamente usando uno de los ejemplos que ya veníamos trabajando. Aquel atleta olímpico que entrena mentalmente tiene un claro deseo: ganar la competencia. Apegándonos al proceso creativo, esta persona, en el paso 1, definió esa como su meta. En el paso 2, construyó la imagen del momento exacto en el que está ganando. En el paso tres, esto es lo que hace: sentado cómodamente y con los ojos cerrados, enciende su pantalla mental usando su imaginación, una de sus facultades superiores, y se coloca a sí mismo en la escena.

Esta persona decidió que la escena empieza en el vestidor del estadio en el momento en que cierra su *locker* y sale rumbo a la pista, así que esto es lo que sucede: observa su mano cerrando el casillero, voltea, mira hacia la puerta y camina hacia ella. Al mismo tiempo, siente el peso, la temperatura y la textura de la puerta del *locker*; su uniforme sobre su piel y sus tenis ajustados en sus pies; la textura del piso sobre el que camina y el ligero viento que entra por la puerta. Escucha las voces a su alrededor, las palabras de su entrenador animándolo, el sutil rechinido de la puerta al cerrarse y las ovaciones que gritan en las gradas. Percibe el peculiar aroma de los vestidores y sutilmente el de la crema humectante con la que cubrió su cuerpo antes de vestirse. Y al darle un trago a su bebida hidratante, un claro y fresco sabor a naranja.

Al llegar a la pista, en la línea de salida, voltea a su alrededor y ve la pista completa, el público, al resto de los competidores y todo su entorno. Escucha los gritos de los presentes y la voz en el micrófono que le indica que tome su posición. Siente su cuerpo flexionado en la posición de salida, sus pies y manos sobre el piso y mira fijamente hacia el frente.

Ahora escucha el disparo de salida y experimenta todos los movimientos de su cuerpo incorporándose y empezando a correr. Observa el primer obstáculo y siente cómo salta sobre él. Sigue corriendo. Brinca cada una de vallas y, mientras sigue escuchando las ovaciones y siente todos los movimientos de su cuerpo, observa la línea de meta al mismo tiempo que su visión periférica percibe a sus competidores quedando atrás.

Una vez en la meta, el sutil roce del listón sobre su abdomen se hace presente y al mismo tiempo escucha su nombre en los altavoves y siente cómo su entrenador toma su mano y la levanta en señal de victoria.

Crea la emoción de haber ganado

Como lo he dicho anteriormente, lo que vives y lo que imaginas que vives tienen exactamente el mismo peso neurológico para tu cerebro; por lo tanto, para su cerebro, esta persona realmente compitió y ganó, por lo que notarás que crear dicha emoción será algo que ocurra casi espontáneamente. Esta es la parte más importante del proceso. Dice Neville Goddard (1944) que "sentir es el secreto". La emoción es la expresión consciente de la vibración en la que te encuentras y esta emoción resuena en el universo y te conecta con su expresión material; es decir, lo convierte en lo que tú llamas tu realidad.

¡Muy bien! Así es como sensorizamos. Ahora, pon mucha atención porque no basta con hacerlo una vez.

En el ejemplo anterior, a través del uso consciente de la IMAGINACIÓN, una de las facultades superiores de la mente, experimentaste, realmente experimentaste, todas tus facultades sensoriales: gusto, oído, olfato, tacto y vista; y sentiste, experimentaste emociones; así que la escena fue real, la viviste de verdad. Sí, fue real, la viviste, UNA VEZ. Ahora recuerda: cuando aprendiste a andar en bici, ¿practicaste una vez?: ¡NO!, ¡lo hiciste cientos de veces! Una persona que se sienta al piano en una ocasión no se convierte en pianista. Un niño que escribe las vocales por vez primera, no sabe escribir. Alguien que toma una clase de manejo no sabe manejar.

Comprendiendo esto, deducimos que Sensorizar tu deseo cumplido una vez ¡no es suficiente! Por ende, es necesario hacerlo repetidamente hasta que se convierta en algo natural, en un hábito, un paradigma.

La SENSORIZACIÓN es, pues, una herramienta muy efectiva si la llevamos a cabo aplicando la repetición constante y espaciada.

LA ASUNCIÓN EN EL PROCESO DE SENSORIZACIÓN CREATIVA

Asunción es la acción y efecto de asumir. A la hora que estás involucrando todos tus sentidos y todas tus emociones, lo que estás haciendo es asumir de manera consciente que eso está sucediendo. Es importante que a partir de este momento empieces a emplear el término *asunción* como la pieza más importante de tu proceso creativo. Es decir, asumir que esto es real. Concretamos así al paso número tres del proceso creativo: conectar con la emoción, sentir que ya es real, asumir que esto que estás haciendo es real.

SENSORIZACIÓN GUIADA: EJERCICIO

La Sensorización Creativa se puede realizar a partir de las ideas que van surgiendo en el momento o a partir de una idea preestablecida o guion. A la primera le podemos llamar "Sensorización improvisada" y a la segunda, "Sensorización guiada".

Cuando lo que queremos lograr es que el cerebro forme nuevos patrones, es decir, un nuevo hábito, es necesario aplicar la Repetición y es indispensable que sea la Repetición de LO MISMO. No puedes aprender a tocar el piano practicando un día en el piano, otro día en la guitarra, otro día en el bajo y otro día en la batería. Para aprender a tocar el piano, DEBES practicar en el piano siempre. Este principio aplica para cualquier hábito.

En conclusión, te recomiendo que lleves a cabo la Sensorización Guiada. Para esto, escribe la escena con todos sus detalles sensoriales y emocionales, grábala con tu propia voz y escúchala como guía todas las veces que Sensorices.

A continuación, te presento un ejemplo de Sensorización que tiene tres propósitos:

1. Entrenarte en la práctica de la Sensorización Improvisada. Para ello, te sugiero que lo leas un par de veces y posteriormente cierres los ojos y lleves a cabo tu Sensorización usando los elementos que recuerdes e improvisando los detalles a tu manera muy personal.
2. Entrenarte en la práctica de la Sensorización Guiada. Usando el código QR, accesa a la versión en audio de este texto y realiza tu Sensorización al mismo tiempo que lo escuchas. Recrea en tu Mente lo que vas escuchando y déjate llevar.
3. Ser un ejemplo para que tú crees tus propias Sensorizaciones Guiadas.

Empecemos.

Te pido que te sientes cómodamente, de tal forma que tu cuerpo esté relajado. Coloca tus pies bien plantados sobre el piso y tus manos sobre tus piernas. Si tienes un respaldo, recárgate, y, si no, mantén tu espalda lo más recta que puedas. A partir de este momento y hasta que yo te lo indique, cierra los ojos.

Respira profundamente: inhala y exhala, inhala y exhala, inhala y exhala. Ahora permite que tu respiración tome su ritmo natural y déjala fluir libremente.

Muy bien, ahora, usando tu maravillosa imaginación, percíbete a ti mismo asociado con tu cuerpo, observa tu entorno;

voltea para abajo y obsérvate; ahí están tus piernas, tus pies, el piso. Voltea a los lados y vas a ver tus brazos, tus manos. Observa tu ropa; llevas puesto un traje de baño azul con detalles blancos; también una playera o una blusa blanca de tela suave y muy cómoda; siéntela. Mira de nuevo tus pies; estás usando unas sandalias negras. Ahora, date cuenta de que están ahí, contigo, algunas personas, las más importantes de tu vida, tus seres más queridos; obsérvalos, mira sus caras, sus facciones, sus expresiones, incluso la ropa que llevan puesta. Percibe que estás de pie, en el jardín de un hermoso hotel, caminando hacia la playa.

Pon toda tu atención en los detalles. Observa a las personas que te acompañan, mira cómo te sonríen; escúchalas decir: "Qué gusto que estemos aquí todos juntos" con sus propias voces y mira cómo esto genera en ti una emoción de alegría; siéntela en tu cuerpo, probablemente vas a notar que en tu cara se dibuja una sonrisa, vive esa emoción. Al mismo tiempo, percibe el olor, huele a playa, a mar, a coco.

Simultáneamente, siente cómo vas avanzando. Continúas caminando y, de estar parado sobre un piso sólido, ahora andas directamente sobre la arena. Siente el cambio, siente tus pies sobre la arena, siente cada paso; siente cómo tus pies se hunden un poquito en la playa; en cada paso que das, siente el peso de tu cuerpo y al mismo tiempo sigue percibiendo los aromas y escuchando las voces, ahora combinadas con el sonido de las olas que rompen y el de las aves que vuelan sobre el mar.

Te sientes muy bien. Estás llegando a una zona reservada para ustedes. Hay camastros, hay unas bonitas camas con finas mantas colgadas alrededor y hacen lucir muy lindo todo, además de protegerte del sol en ciertas direcciones. Elige ahora dónde te quieres instalar: una silla, una cama, un camastro. Las personas de tu grupo toman su lugar y tú el tuyo. Acomódate ahí y disfruta todas esas sensaciones, si tu cuerpo está sentado o en un camastro, siente este en toda tu espalda, en tus piernas, o la silla, o la arena. Instálate y ponte muy cómodo, muy cómodo.

Has instalado una de tus bocinas conectada a tu celular. Ve a tu aplicación de música, observa la pantalla de tu celular, siente tu dedo deslizándose en la pantalla, siente tu dedo presionando o tocando la canción que estás eligiendo, una que te guste mucho y que, además, particularmente, te encanta oír en la playa. Ajusta el volumen, que quede perfectamente como lo deseas en este momento y, por unos segundos, pon mucha atención a esa melodía. Atiende cada instrumento, la voz. Es tu canción, no te la estás imaginando; está ahí, escúchala y, mientras lo haces, escucha que de fondo hay otros sonidos: aves, risas personas platicando. Mantente percibiendo los olores.

Huele a mar, el olor está más cercano que antes. Te recorre la temperatura, el sol sobre tu piel. ¿Está pegando el sol directo o hay una sombrilla o algunas finas telas que lo están filtrando? ¿De qué forma lo sientes?, ¿cómo se siente? El sol está sobre tu piel, siéntelo en este momento, así como la temperatura de todo tu cuerpo y la del ambiente. Escuchas y sientes que se está acercando un mesero con una charola y muy sonriente y contento te dice: "¡Hola, buenos días!". Su voz te llega, escuchas la charola, los cubiertos, los platos, los vasos. Tú ya le habías ordenado, entonces te está dejando ahí en las mesitas de apoyo todo lo que pediste: una bebida, una botana. En esta ocasión es una botana, la que tú quieras, y tiene mucho limón.

Toma con tu mano un poquito de esa botana, que puede ser un camarón, un pedazo de coco, una papa, tiene mucho limón. Agárralo y siéntelo; acércalo a tu boca, conforme lo haces percibe el aroma que tiene. Abre tu boca y colócalo dentro. En ese instante siente el limón en tu boca. ¿Acidito? ¡Ah, qué rico! ¡Saboréalo!

Ahora toma un vaso. Te trajeron una bebida. ¿El vaso es de vidrio? ¿Qué temperatura tiene? ¿Cuánto pesa? ¿Qué ordenaste de beber? Dale un trago, a eso sabe y es delicioso. Ahora date unos segundos para sentir el sabor de lo que estás comiendo.

Siente el abrazo de las personas que tienes alrededor, te están abrazando y te dicen cuánto te quieren. Hazte consciente de la temperatura, escucha el mar, las aves, las risas; percibe los olores, disfruta unos segundos…

"¡Qué rico! ¡Qué bien me siento!", dite. Y ahora pon mucha atención a las emociones que estás experimentando. ¿Cómo te sientes?, ¿en paz, feliz, alegre? Disfruta esa sensación y con ella quédate. Mantenla para el resto de tu día. Conserva esa vibración maravillosa, espléndida y, dentro de tu imagen, cierra los ojos.

Haz una respiración profunda: inhala y exhala, inhala y exhala; inhala profundamente, retenlo y exhala, y al exhalar abre tus ojos, tus ojos físicos. Regresa aquí y ahora: esto es Sensorización, una forma de "meditación activa" que utiliza la introspección para apoyarte y dar forma a eso que quieres crear en tu vida. El objetivo de la Sensorización es lograr aquello que deseas, vivir mejor, cumplir tus metas.

¿CÓMO SENSORIZO LO QUE YO QUIERO?

Ya hemos cubierto todo lo que necesitas saber para Sensorizar todo aquello que deseas experimentar en tu vida; aquí te doy un resumen concreto y puntual.

1. DECIDE LO QUE QUIERES (elige tu meta)
  Asegúrate de tener perfectamente claro tu objetivo, eso que deseas lograr, hacer o tener. Puede ser una casa, un viaje, recibir una noticia específica, ser aceptado en un empleo, recuperar una relación fracturada, incrementar tus ingresos, mejorar tu salud, etc.

   Recuerda ser muy específico, pues tu cerebro hace exactamente lo que interpreta que tú quieres que haga; así que déjale muy claro lo que quieres. Por ejemplo: "Tengo un negocio que disfruto, me apasiona y me genera diez mil dólares libres al mes".

2. CREA LA IMAGEN (de tu meta ya cumplida)
  Construye una escena muy concreta, que sólo puede estar ocurriendo una vez que tu meta se ha cumplido. Despreocúpate de los detalles previos a su realización, no importa cómo llegaste ahí, lo importante es que ya estás ahí.

   Esta escena va a ser más real para tu cerebro en la medida en que esté impregnada de estímulos sensoriales, tal como sucedería en la "realidad"; por lo tanto, incluye el escenario, las personas y los objetos que están presentes en ella y llénala de sonidos, olores, colores, formas, texturas, sabores y sensaciones.

Por ejemplo: estás en tu oficina y te avisa tu asistente que alguien te busca; recibes a tu mejor amigo, quien vino a visitarte para felicitarte por tu negocio y tus ingresos.

3. **INVOLÚCRATE EMOCIONALMENTE CON LA ESCENA, SENSORÍZALA**
 Desconéctate del mundo, apaga tu celular y pide que no te interrumpan.

 Siéntate cómodamente y cierra los ojos.

 Relájate y permítete entrar en un estado cercano al sueño.

 Sensoriza:

 Escuchas que suena el teléfono de tu oficina, es tu asistente para avisarte que alguien te busca. Abres la puerta y recibes a tu mejor amigo, quien viste una camisa que te parece muy bonita y usa una loción que reconoces y te gusta. Observas su cara que te transmite alegría y admiración. Sientes su mano al saludarte y sus brazos abrazándote mientras escuchas claramente que te dice: "Muchas felicidades, sé que tu negocio va de maravilla y que ya te está generando más de diez mil dólares libres al mes".

 Enfócate cuidadosamente en cada detalle sensorial: al escuchar el teléfono, percibe claramente el sonido, observa el color y el tamaño del artefacto, así como la distancia a la que se encuentra de ti; tómalo y siente su peso, temperatura y textura; acércalo a tu oreja y siente cómo la toca; escucha claramente la voz de tu asistente. Al abrir la puerta siente tu peso y tu movimiento al acercarte a ella.

Observa su color, textura, tamaño y forma. Siente la forma, textura y temperatura de la manija. Y así con cada detalle de la escena: **siéntelo con naturalidad, experimenta la sensación del deseo cumplido, siente la emoción de que ya es.**

Repite la escena, con todos los detalles sensoriales, una y otra vez, hasta que lo sientas totalmente real.

4. ATIENDE A TU INTUICIÓN
  Presta atención a todo lo que sientes a partir de este momento. Tu intuición te va a dar sutiles señales del camino por seguir. Tal vez te presente la imagen de un libro, te murmure el nombre de una persona o sientas la necesidad de ir a un lugar específico.

  Aprende a diferenciar la intuición de la razón; en realidad, es más sencillo de lo que parece. Observa estas dos características: en qué lugar llega y cómo llega. La intuición llega en primer lugar, es inmediata y se siente. La razón lo hace siempre en segundo lugar y no se siente, se piensa.

5. ACTÚA EN CONSECUENCIA, SIGUE TU INTUICIÓN
  Este ejercicio es muy poderoso y debes tener claro que no es magia; no va a hacer que las cosas aparezcan de la nada, más bien te va a dar la fuerza de voluntad, las ganas y la actitud para hacerlo; te va a generar ideas que antes no tenías, te va a acercar a las personas adecuadas y te va a llevar a estar en el lugar correcto, en el momento correcto, así que debes actuar. Si sensorizas y te tiras a dormir eternamente, espera con paciencia, porque pueden pasar años antes de que tu sensorización se presente materializada en tu plano físico.

¡Toma acción! Y hazlo en la dirección que marque tu intuición. Si esta te presenta, por ejemplo, en la imagen de un libro, ve y búscalo; probablemente, en el camino te topes con la persona indicada; tal vez al sacarlo del librero se caiga una tarjeta de presentación de quien se convertirá en tu socio; a lo mejor en sus páginas encuentres una frase que te inspire a hacer algo que antes ni siquiera imaginabas.

Actúa, desapégate del resultado y confía. Sigue tu vida asumiendo que lo que sensorizaste ya es tu realidad. En el momento que entres en este estado en el que sientes esto con naturalidad, lo que sensorizaste se hará presente en tu realidad material.

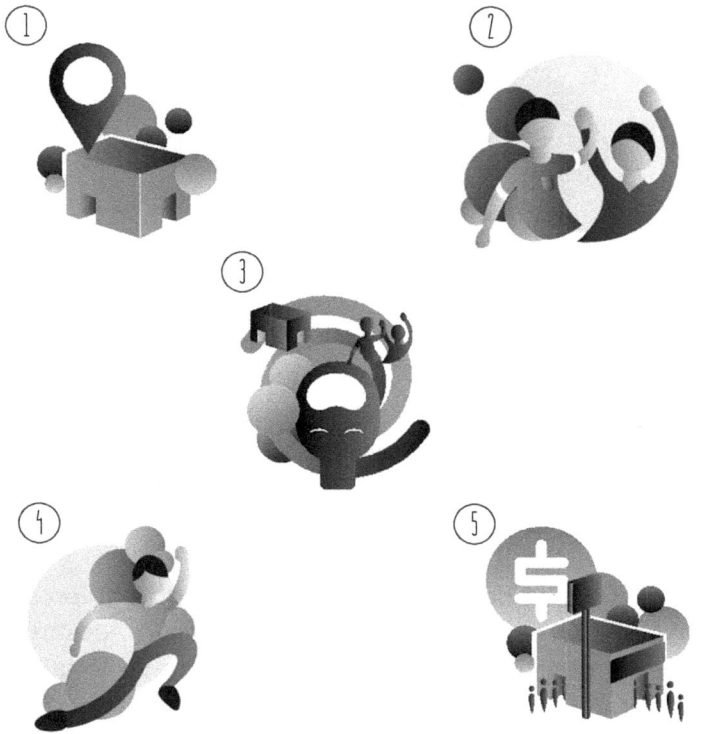

EL UNIVERSO, LA SENSORIZACIÓN Y EL PROCESO CREATIVO

> "El Universo empezará a organizarse para hacer que suceda".
> Joe Vitale

El estudio y práctica de estos principios se basa en descubrir qué es lo que te ayudará a generar los sentimientos de tenerlo ahora, como bien señala Bob Doyle en su libro *El secreto del poder*.

Ve a probar ese coche, ve a ver esa casa que quieres comprar, entra en la casa, haz todo lo que creas necesario para generar y mantener los sentimientos de tener lo que quieres ahora. Todo lo que puedas hacer para conseguirlo te ayudará a provocar que suceda.

Neville Goddard, en *Sentir es el secreto* (1944), señala que el proceso creativo empieza con una idea, su ciclo corre su curso como sentimiento y termina en la voluntad de actuar. Las ideas son imprimidas en el subconsciente a través del sentimiento. Ninguna idea puede ser imprimida en el subconsciente hasta que es sentida, pero, una vez que es sentida —sea buena, mala o indiferente—, debe ser expresada. Sentir es la única y sola manera a través de la cual las ideas son expresadas en el subconsciente.

Utiliza el sueño y la Sensorización para realizar aquello que tanto deseas: antes de dormir quédate con la imagen que quieres, sensorizando y repitiendo. **No es lo que deseas, es lo que sientes, lo que se manifiesta en tu mundo.** En un sueño, nos dice Job, en una visión de noche, cuando el sueño profundo cae sobre los hombres al dormir sobre la cama; entonces él abre los oídos de los hombres y da su instrucción (Goddard, 1944).

Sentir es el secreto, nos dice Goddard (1944). Su sueño completo es dominado por el último concepto despierto de su ser, señala. Por lo tanto, él debería siempre asumir el sentimiento de logro y satisfacción antes de retirarse a dormir. Dicho de otra manera, tu humor previo al sueño define tu estado de conciencia mientras entras en la presencia del amante eterno, el subconsciente.

Para Bob Proctor (elsecretoverdadero.blogspot.com), cuando conviertes tu fantasía en un hecho, estás predispuesto a tener fantasías cada vez mayores: "Y eso, amigo mío, es el Proceso Creativo". En tanto que para Lisa Nichols (*Los tres pasos de la ley de la atracción*), el primer paso es pedir: "Da una orden al Universo. Deja que El Universo sepa lo que quieres. El universo responderá a tus pensamientos".

Desde un punto de vista más apegado a la ontología social, James Allen (*Como un hombre piensa, así es su vida*) señala que cada semilla de pensamiento dejada caer en la mente echa raíces, floreciendo tarde o temprano convertida en acciones, produciendo sus propios frutos de oportunidad y circunstancias: "Buenos pensamientos producen buenos frutos, malos pensamientos, malos frutos".

Por increíble que parezca, muchos de los deportistas experimentan un estado de nerviosismo a la hora de salir a competir, por más años de experiencia y de entrenamiento que tengan. Recuerda el testimonio de la madre de Usain Bolt. Aquí es donde nos damos cuenta de la importancia de la inteligencia emocional y del gran poder que tiene la mente en todos los ámbitos de nuestra vida.

Saber gestionar y controlar nuestras emociones y saber controlar nuestra mente nos va a dar la pauta para saber si tendremos éxito en lo que hagamos o nos enfrentaremos al fracaso. Es aquí donde radica la importancia de las competencias psicoemocionales en el ámbito laboral de nuestros días y, por ende, de la Sensorización.

Es importante saber que el universo está en un constante cambio: aunque no hagas nada, decreces; nada se mantiene estático. Es un proceso de transformación permanente. Todo lo que sucede afuera es sólo el espejo de lo que está pasando dentro de nosotros. Esto aplica a nivel del micro- y macrocosmos. El universo está cambiando y evolucionando, y nosotros, a la par con él.

Nuestra tarea aquí es conocer nuestra mente y hacer el mejor uso de ella. Nadie ni nada nos puede hacer sentir mal, a menos que nosotros lo permitamos, y eso sólo lo logramos con el conocimiento de los alcances del poder mental, el cual nos permite diseñar la calidad de vida que deseamos tener.

¿Qué importancia le das a tu mente en tu proceso de creación?

"Tiene una gran fuerza mental", se dice del ganador. Sucede que cuando ganan son considerados una especie de semidioses, pero, cuando pierden, a menudo se comenta que es una derrota mental. Y es que para ganar hay que aprender a controlar la mente, a entrenarla, para reducir el estrés y aumentar su concentración.

ALGUNAS ÁREAS DE APLICACIÓN DE LA SENSORIZACIÓN

Para terminar, te comparto algunas de las áreas de aplicación de esta poderosa técnica y te invito a tomarlas como referencia para que te asegures de crear tu vida como tú la quieres en todas las áreas que para ti sean relevantes. Usa tu creatividad, las posibilidades son infinitas.

FINANZAS PERSONALES

- Libertad financiera
- Múltiples fuentes de ingresos
- Aumento de sueldo
- Ingresos inesperados

RELACIONES (pareja, hijos, padres, jefes, colaboradores, amigos, etc.)

- Sanar relaciones dañadas
- Mejorar relaciones
- Crear relaciones aún inexistentes
- Recuperar relaciones perdidas

SALUD

- Bienestar físico
- Sanar órganos específicos
- Recuperar la salud
- Mejorar la salud

PADRES E HIJOS

- Manejo de límites
- Sanar huella de abandono
- Mejorar comunicación

EDUCACIÓN

- Incrementar capacidad de aprendizaje
- Mejorar resultados académicos (notas/calificaciones)
- Conseguir becas y beneficios

BIENESTAR ORGANIZACIONAL

- Balance psicoemocional de directivos y colaboradores
- Optimización de resultados individuales y de equipo
- Incremento consistente en ventas
- Work-Life Balance
- Retención de talento
- Reclutamiento preciso y atinado

- Servicio al cliente de primer nivel
- Óptima satisfacción de clientes

NEGOCIOS

- Integración de vocación, pasión y sentido de pertenencia
- Creación de empresas de alta rentabilidad
- Lanzamiento de productos innovadores
- Negocios que funcionan sin ti

DEPORTE

- Atletas de alto rendimiento
- Entrenamiento sin necesidad de Instalaciones
- Triunfo en competencias y campeonatos

ARTÍSTICO

- Máxima expresión artística y creativa
- Castings exitosos
- Obtención de papeles estelares
- Capitalización de fama y seguidores
- Negocios complementarios

POLÍTICA

- Triunfo en campañas
- Poder de influencia
- Reconocimiento y admiración

Entre muchas otras.

¡Hasta pronto!

BIBLIOGRAFÍA

- Collier, R. (2014). *El secreto de las eras.* México. Grupo Editorial Tomo.
- Doyle, B. (2011). *El secreto del poder.* México. Editorial Diana.
- Ferrés, J. (2014). Las *pantallas y el cerebro emocional.* España. Gedisa.
- Goddard, N. (1944). *Sentir es el secreto.* Genesis Publishing Group.
- Marina, J. (2011). *Las culturas fracasadas. El talento y la estupidez de las sociedades.* España. Anagrama.
- Rapaille, C. (2015). *El verbo de las culturas. Descubre cuál es tu verbo.* México. Taurus.
- Saussure, F. (1945). *Curso de lingüística general.* Buenos Aires. Editorial Losada.
- Wolton, D. (2005). *Pensar la comunicación. Punto de vista para periodistas y políticos.* Buenos Aires. Prometeo libros. Disponible en: *https://rephip.unr.edu.ar/bitstream/handle/2133/758/Pensar%20la%20comunicaci%C3%B3n.pdf?sequence=1&isAllowed=y*
- Damasio, A. (2019). *El error de Descartes.* España. Ediciones Culturales Paidós.

OTRAS FUENTES

- James Allen, Como un hombre piensa, así es su vida. Disponible en: www.bnpublishing.com. Consultado el 3 marzo de 2008.

- Lisa Nichols. *Los tres pasos de la ley de la atracción.* Disponible en: https://secretosderiqueza.co/pasos-la-ley-la-atraccion-lisa-nichols/

- Neville Goddard. *Sentir es el secreto.* Disponible en: https://www.academia.edu/36061394/Sentir_Es_el_Secreto_1944

- Marcela Brocco. *Epigenética: el mecanismo por el cual el medio ambiente influye sobre los genes.* Consejo Nacional de Investigaciones Científicas. 16-01-15. Disponible en: https://www.conicet.gov.ar/epigenetica-el-mecanismo-por-el-cual-el-medio-ambiente-influye-sobre-los-genes/#:~:text=Los%20mecanismos%20epigen%C3%A9ticos%20son%20un,ambiente%20al%20que%20estuvieron%20expuestos.

- BBC de Londres. Redacción 04-08-17. *9,58 cosas que quizás no sabías de Usain Bolt, el hombre más rápido de la historia que participa en su último Mundial de Atletismo.* Disponible en: https://www.bbc.com/mundo/deportes-40826004

- Bob Proctor. *El secreto verdadero.* Disponible en: https://elsecretoverdadero.blogspot.com/2008/10/el-proceso-creativo.html

- Derrick De Kerckhove. "Enfrentando a una pantalla. La piel de la cultura", 1999; 35-36. En Ferrés, J. (2014). *Las pantallas y el cerebro emocional.* España. Gedisa.

- Thinking Into Results, programa para líderes del Proctor Gallagher Institute.

Alberto Espinosa

Alberto Espinosa es Mentor en Neuroprogramación y Conciencia Corporativa, así como Consultor Certificado (Inner Circle Top 20 worldwide) por Proctor Gallagher Institute. Ha ayudado a sus clientes a alcanzar sus objetivos más ambiciosos y a experimentar calidad de vida, paz mental y plenitud de ser.

Cuenta con múltiples certificaciones y estudios relacionados con el desarrollo del potencial humano. Es creador de la metodología: SENSORIZACIÓN. Alberto educa, entrena y asesora a personas, grupos y empresas, guiándolos a descubrir sus más grandes objetivos y aspiraciones, a alcanzar su máximo potencial y a lograr sus más grandes metas personales y profesionales.

www.ingramcontent.com/pod-product-compliance
Lightning Source LLC
Chambersburg PA
CBHW060343170426
43202CB00014B/2866